阳飞扬　著

逆商

中国华侨出版社
·北京·

1997 年，美国职业培训大师保罗·斯托茨在《逆商：变逆境为机会》一书中首次提出了逆商的概念。简而言之，逆商就是一个人化解并超越逆境的能力。没有人能给生活贴上永久顺利的标签，但是不同的人面对逆境的态度各不相同。正如巴尔扎克所说："逆境和不幸，是天才的晋身之阶，信徒的洗礼之水，能人的无价之宝，弱者的无底深渊。"

任何人的成功都需要付出代价，有的人一遇到逆境就容易产生"天塌了"的感觉，而有的人会因为面对挑战而兴奋。在面对逆境时，这两种人的心理机制也截然相反：前一种人是应付机制，他会用种种消极的心理防御机制逃避逆境；而后一种人是应战机制，逆境会激发他调动自己的种种资源和能量，最终化解并超越逆境。可见，一个面对逆境却依旧能微笑的人，要比一个面对逆境就立即崩溃的人获益更多。如果一个人超越逆境的能力很低，那么他的事业就会被扼制。相反，如果能够超越逆境，那么他就会拥有更多的机会，事业也会如鱼得水、平步青云。

随着社会竞争的日益激烈，人们面临着各种压力，这些压力对我们的学习和生活已经造成了深刻的影响。如何坦然应对逆境，能否健康、积极地面对生活压力，已经成为每一个人亟待解决的重要问题。为什么有人总能扭转逆境，赢得美好结局，而有人陷入低谷时，只会哀叹和抱怨，始终走不出黑暗的泥沼？其实生命中的每一次逆境中都隐藏着机会。人人都有超越逆境的潜能，成功与否的关键只在于面对逆境的态度和心理。

本书通过大量生动的事例，结合简明而实用的理论，从认识逆商、了解逆商对人的深刻影响入手，总结出了应对逆境的心理法则，阐释了人们在面对逆境和人生危机时如何发挥自己的逆商、如何调整心态，介绍了提高逆商、超越逆境、扭转人生的方法，帮助读者获得人生的智慧和战胜困难的动力。

此刻的你，也许正遭受人生的困难：升学失败、恋爱不成、病残袭击等；也许正经历着情感上的打击：自尊心受损、自信心丧失、失望苦闷……但是，逆境并非绝境，人生并非尽是坦途，绝不可因一点小障碍而放弃行路。要知道，障碍过后，对于经历坎坷的脚来说，路会一点点变得平坦起来。对于逆商高的人来说，每一次逆境都是一份成长的礼物，只要学会一些心理调节的方法，我们每个人都不难超越逆境，向成功迈进。

第一章

认识逆商：如何面对逆境，决定人生走向

第二章

逆商逻辑：选择一蹶不振还是绝地反击

第三章

逆商与自控力：成功的人不生气

第四章

逆商与焦虑症：如何应对来自社会和自己的逆境

第五章

逆商与压力管理：把压力转化为前进的动力

第六章

逆商与自我重建：在困境中实现人生突围

第一章

认识逆商：
如何面对逆境，决定人生走向

第一节

逆境是人生必须经历的一课

苦难是人生必须经历的一课

人生的痛苦永远多于快乐。一个人的降生就意味着痛苦的开始，而生命的结束，则是痛苦的终结。人的一生，就是不断地与痛苦抗争的过程。人生的意义，就在于从与痛苦的抗争中寻找少许的欢乐。

现在，很多人活得很累，过得也不快乐。其实，人只要生活在这个世界上，就有很多烦恼。痛苦或快乐，取决于你的内心。人不是战胜痛苦的强者，便是屈服于痛苦的弱者。再重的担子，笑着也是挑，哭着也是挑。再不顺的生活，微笑着撑过去了，就是胜利。

生物学家发现，飞蛾在由蛹变成幼虫时，翅膀幼嫩，十分柔软；在破茧而出时，必须要经过一番痛苦的挣扎，翅膀才能坚韧有力，才能支持它在空中飞翔。

一天，有个小孩子看到一棵小树上有一只茧在蠕动，好像有飞蛾要从里面破茧而出。小孩子觉得很好奇，于是他饶有兴趣地停下来，准备见识一下蛹变飞蛾的过程。

但随着时间一点点过去，飞蛾在茧里奋力挣扎，却一直不能挣脱茧的束缚，似乎再也不可能破茧而出了。小孩子变得不耐烦了，心想：我干脆帮它个忙吧。于是，他就用一把小剪刀，把茧剪了一个小洞，好让飞蛾摆脱束缚容易一些。果然，不一会儿，飞蛾就从茧里很容易地爬了出来，但是它的身体非常臃肿，翅膀也异常弱小，耷拉在身体两侧伸展不起来。

小孩子想看着飞蛾飞起来，但那只飞蛾只是跌跌撞撞地爬，怎么也飞不起来。过了一会儿，它就死了。

没有经历痛苦洗礼的飞蛾，脆弱不堪。人生没有痛苦，就会不堪一击。正是因为有痛苦，所以成功才那么美丽；因为有灾患，所以欢乐才那么令人喜悦；因为饥饿，所以佳肴才让人觉得那么甜美。正是因为痛苦的存在才能激发我们人生的力量，使我们的意志更加坚强。

瓜熟才能蒂落，水到才能渠成。和飞蛾一样，人的成长必须经历痛苦的挣扎，直到双翅强壮后，才可以振翅高飞。

人生若没有苦难，我们会骄傲；没有挫折，成功不再有喜悦，更得不到成就感；没有悲惨，我们不会有同情心。因此，不要幻想生活总是那么圆满，生活的四季不可能只有春天。每个人的一生都注定要跋涉沟沟坎坎，品尝苦涩与无奈，经历挫折和失意。痛苦，是人生必须经历的一课。

因此，在漫长的人生旅途中，苦难并不可怕，受挫折也无须忧伤。只要心中的信念没有萎缩，你的人生旅途就不会中断。艰难险阻是人生对你的另一种形式的馈赠，坑坑洼洼也是对你意志的磨炼和考验——大海如果缺少了汹涌的巨浪，就会失去其雄浑；沙漠如果缺少了狂舞的飞沙，就会失去其壮观；维纳斯如果没有断臂，那么就不会因为残缺美而闻名天下。生活如果都是两点一线般的顺利，就如白开水一样平淡无味。只有酸甜苦辣咸五味俱全才是生活的全部，只有悲喜哀痛七情六欲全部经历才算是完整的人生……

所以，你要从现在开始，微笑着面对生活，不要抱怨生活给了你太多的磨难，不要抱怨生活中有太多的曲折，更不要抱怨生活中存在的不公。当你走过世间的繁华与喧嚣，阅尽世事，你就会明白，痛苦，是人生必须经历的过程！

天才往往来自苦难

在同一座山上，有两块相同的石头，几年后有着截然不同的结局。一块石头受到很多人的敬仰和膜拜，而另一块石头没人理睬。

后一块石头极不平衡地说道："老兄呀，我们是同样的石头，为什么命运差距这么大啊？"

前一块石头回答："你还记得吗？几年前，山里来了一个雕刻家，你害怕割在身上一刀刀的痛，吃不了那苦；而我却忍受着一刀刀的痛，终于我变成了佛像，所以人们膜拜我而不理睬你啊！"

"自古英雄多磨难，从来纨绔少伟男"，身处逆境，历经磨难，才能创造奇迹。伟人如此，天才也不例外。

有一个人，一生落魄，孤独而又自卑地生活在自己构建的王国里，得不到别人的任何承认。

28岁的时候，他爱上表姐，一个刚刚守寡的孕妇。为了表达自己对她的爱意，他把自己的手掌伸进熊熊的炉火中，以致严重受伤，差点儿残废。

可那位表姐不理解他这种独特的表达爱意的方式，拒绝了他。为此，他差点儿走上绝路。

有一次，他跟着朋友出去玩，因为没有 5 法郎，被拒之门外。一个叫拉舍尔的女人对他说："你没有钱，为什么不把耳朵割下来代替呢？"

他回到家，用刀真的把耳朵割了下来，用布包好送到拉舍尔的面前。小镇上的居民都以为他是疯子，甚至要求市政府把他关进疯人院。

他喜欢作画，而且是个天才的画家。但是，没有一个人能看懂他的画，更没有人知道他的画的价值。他的画只能在兄弟的小画廊里寄售，几年了，没有售出一幅。那位管理小画廊的兄弟差点儿被老板炒了鱿鱼。

他一生大概只售出过一幅画，题目叫作《红色的葡萄园》，价值是 4 英镑。这幅画是他的兄弟和朋友为了帮助他而买下的。

他最大的希望是能找一家咖啡馆展出自己的作品，可是，到死也没有一家咖啡馆愿意展出他的画。

在绝望中，他朝自己腹部开了一枪，却不足以致命。他对赶来的医生说："看来，这次我又没干好。"

最后，他死在绝望和旷世孤独中，他的安葬仪式也极其简单。

他就是梵高，伟大的画家，他的成就现在无人能及。他的画每一幅都价值连城，荷兰、法国都争相把他当作自己国家的国民，他的画在巴黎、伦敦、荷兰的博物馆都有收藏，并且被放在最显著的位置。

为什么上苍如此亏待他？造就了他的天才，却没有造就出欣赏他的人。是不是一个天才的产生需要搭配相应的苦难，天才至极致，苦难也至极致，上帝冥冥之中的那双手，难道早已计算好了，尽在他的掌握中？

在《我们的地球》这部大型纪录片中，有一段镜头是关于蓑羽鹤飞越喜马拉雅山的。为了生存和繁殖，蓑羽鹤必须飞越这座世界上最高的山脉到达它在印度的越冬地。它们除了必须克服高海拔的艰险外还得面对金雕的袭击。在生命的禁区，看到这样的情形，就像看到人类攀登喜马拉雅山一样，顽强的生命力在蓑羽鹤身上体现得淋漓尽致。

超越极大的苦难越过珠穆朗玛峰，蓑羽鹤才能到达越冬地进行繁殖，开始新的生活。这进一步印证了一个道理：只有经过苦难的洗礼，世界万物才能获得新生。人何尝不是如此呢？

学会在挫折中成长

成长其实就是不断战胜挫折的一个过程。经历过挫折的生命，便是那绚丽无比的彩虹。

城里的儿子回农村老家，发现自家玉米地里的玉米长得很矮，地已干旱，可周围其他地里的苗子已长得很高。当儿子买了化肥、挑起粪桶准备浇地时，却被父亲阻止了。父亲说，这叫控苗。玉米才发芽的时候，要旱上一段时间，让它深扎根，以后才能长得旺，才能抵御大风大雨。过了个把月，一个狂风骤雨的日子，儿子果然看到除了自家地里的玉米安然无恙外，别人都在地里扶被刮倒的玉米苗。

种玉米的故事，亦告诉我们同样的人生道理：年轻时苦一点、受一点挫折没关系，它只会让人多一点阅历，长一点见识，并因此而坚强起来，最终获取成功。

在生活中，挫折是不可避免的。但是，只要我们正确地看待挫折，敢于面对挫折，在挫折面前无所畏惧，克服自身的缺点，在困难面前不低头，那么，顽强的精神力量就可以征服一切。不是吗？

曾任美国总统的林肯一生中就遭遇过无数次失败和打击，然而他英勇卓绝，败而不馁，正是因为这惊人的顽强毅力才使他走上光辉大道的。

不经历风雨，怎能见彩虹。的确，人生需要经历挫折。当挫折向你微笑时你就会明白，挫折孕育着成功。

有一位穷困潦倒的年轻人，身上全部的钱加起来也不够买一件像样的西服。但他仍全心全意地坚持着自己心中的梦想——做演员，当电影明星。

好莱坞当时共有 500 家电影公司，他根据自己仔细划定的路线与排列好的名单顺序，带着为自己量身定做的剧本一一前去拜访。但第一遍拜访下来，500 家电影公司没有一家愿意聘用他。

面对无情的拒绝，他没有灰心，从最后一家电影公司出来之后不久，他就又从第一家开始了他的第二轮拜访与自我推荐。

第二轮拜访也以失败而告终。第三轮的拜访结果仍与第二轮相同。

但这位年轻人没有放弃，不久后又咬牙开始了他的第四轮拜访。当拜访到第 350 家电影公司时，公司老板竟破天荒地答应让他留下剧本先看一看。他欣喜若狂。

几天后，他得到通知，请他前去详细商谈。就在这次商谈中，这家公司决定投资拍这部电影，并请他担任自己所写剧本中的男主角。

不久这部电影问世了，名叫《洛奇》。这个年轻人就是好莱坞著名演员史泰龙。

面对 1850 次的拒绝，从头开始所需要的勇气是我们难以想象的。但正是这种勇敢、不轻言放弃的精神、这种对自己理想的执着追求，让故事中的年轻人的梦想得到了实现。在我们实现梦想的路途中，也会不可避免地遇到种种挫折，让我们用执着为自己导航，坚定地树起乘风破浪的风帆，坚信终有一天成功的海岸线会在我们眼前出现。

挫折是一座大山，想看到大海就得翻过它；挫折是一片沙漠，想见到绿洲就得走出它；挫折是一个海峡，想见到大陆就得游过它。

挫折让人害怕，但它是人生，是成长不可缺少的基石。

挫折可能给人带来伤害，但它还给我们带来了成长的经验。被开水烫过的小孩子是绝不会再将稚嫩的小手伸进开水里的。即使他再顽皮，他也会记得开水带来的伤痛。被刀子割破了手指的小孩子是绝不会再肆无忌惮地拿着刀子玩耍的，因为他知道刀子很危险。孩子们经历了挫折，但他们换来了成长的经验。这不正是我们所说的"坏事变好事"吗？

有位名人说过："勇者视挫折为走向成功的阶梯，弱者视之为绊脚石。"上天之所以要制造这么多的挫折，就是为了让你在挫折中成长。当你战胜种种挫折，蓦然回首时，你就会惊喜地发现，你成熟了。

不经历风雨，怎能见彩虹

"不经历风雨，怎能见彩虹"，任何一次成功的获得都要经过艰辛的奋斗和痛苦的磨炼，才能拥有。

老鹰是世界上寿命最长的鸟类。它可以活到 70 岁。要活那么长的寿命，它在 40 岁时必须做出艰难却重要的选择。

当老鹰活到 40 岁时，它的爪子开始老化，无法有效地抓住猎物。它的喙变得又长又弯，几乎碰到胸膛。它的翅膀变得十分沉重，因为它的羽毛长得又浓又厚，使得飞翔十分吃力。

它有两种选择：等死，或经过一个十分痛苦的蜕变过程。

老鹰要经过 150 天漫长的历练，很努力地飞到山顶。在悬崖上筑巢。停留在那里，不得飞翔。

老鹰首先用它的喙击打岩石，直到其完全脱落。然后静静地等候新的喙长出来。

它会用新长出的喙把指甲一根一根地拔出来。当新的指甲长出来后，它们便把羽毛一根一根地拔掉。5 个月以后，新的羽毛长出来了。这个时候，老鹰才能开始飞翔，重新得到 30 年的生命！

在我们的生命中，有时候我们也必须做出艰难的决定，然后才能获得重生。我们必须把旧的习惯、旧的传统抛弃，使我们可以重新飞翔。只要我们愿意放下旧的包袱，愿意学习新的技能，我们就能发挥潜能，创造新的未来。

乔·路易斯，世界十大拳王之一，可以说是历史上最为成功的重量级拳击运动员，在长达 12 年的时间里，他曾经让 25 名拳手败在自己的拳下。

自从上学以后，乔伊·巴罗斯就成了同学嘲弄的对象。也难怪，放学后，别的 18 岁的男孩子进行篮球、棒球这些"男子汉"的运动，可乔伊却要去学小提琴！这都是因为巴罗斯太太望子成龙心切。20 世纪初，黑人还很受歧视，母亲希望儿子能通过某种特长改变命运，所以从小就送乔伊去学琴。那时候，对于一个普通家庭来说，每周

50美分的学费是个不小的开销，但老师说乔伊有天赋，乔伊的妈妈觉得为了孩子的将来，省吃俭用也值得。

但同学不明白这些，他们给乔伊取外号叫"娘娘腔"。一天，乔伊实在忍无可忍，用小提琴狠狠砸向取笑他的家伙。一片混乱中，只听"咔嚓"一声，小提琴裂成两半儿——这可是妈妈节衣缩食给他买的。泪水在乔伊的眼眶里打转，周围的人一哄而散，边跑边叫："娘娘腔，拨琴弦的小姑娘……"只有一个同学既没跑，也没笑，他叫瑟斯顿·麦金尼。

别看瑟斯顿长得比同龄人更高大魁梧，一脸凶相，其实他是个热心肠。虽然还在上学，瑟斯顿已经是底特律"金手套大赛"的冠军了。"你要想办法长些肌肉来，这样他们才不敢欺负你。"他对沮丧的乔伊说。瑟斯顿不知道，他的这句话不但改变了乔伊的一生，甚至影响了美国一代人的观念。虽然日后瑟斯顿在拳坛没取得什么惊人的成就，但因为这句话，他的名字被载入拳击史册。

当时，瑟斯顿的想法很简单，就是带乔伊去体育馆练拳击。乔伊抱着摔坏的小提琴跟瑟斯顿来到了体育馆。"我可以先把旧鞋和拳击手套借给你。"瑟斯顿说，"不过，你得先租个衣箱。"租衣箱一周要50美分，乔伊口袋里只有妈妈给他这周学琴的50美分，不过琴已经坏了，也不可能马上修好，更别说去上课了。乔伊狠狠心租下衣箱，把小提琴放了进去。

开头几天，瑟斯顿只教了乔伊几个简单的动作，让他反复练习。一个礼拜快过去时，瑟斯顿让乔伊到拳击台上来，试着跟他对打。没想到，才第三个回合，乔伊一个简单的直拳就把"金手套"瑟斯顿击倒了。爬起来后，瑟斯顿的第一句话就是："小子，把你的琴扔了！"

乔伊没有扔掉小提琴，但他发现自己更喜欢拳击，每周50美分的小提琴课学费成了拳击课的学费，巴罗斯太太懊恼了一阵后，也只好听之任之。不久乔伊开始参加比赛，渐渐崭露头角。为了不让妈妈为他担心，乔伊悄悄把名字从"乔伊·巴罗斯"改成了"乔·路易斯"。

　　5年以后，23岁的乔已经成为重量级世界拳王。1938年，他击败了德国拳手施姆林，当时德国在纳粹统治之下，因此乔的胜利意义更加重大，他成了反法西斯者心中的英雄。但巴罗斯太太一直不知道人们说的那个黑人英雄就是自己"不成器"的儿子。

　　漫漫人生，人在旅途，难免会遇到荆棘和坎坷，但风雨过后，一定会有美丽的彩虹。任何时候都要有乐观的心态，任何时候都不要丧失信心和希望。失败不是生活的全部，挫折只是人生的插曲。虽然机遇总是飘忽不定，但朋友，只要你坚持，只要你乐观，你就能永远拥有希望，走向幸福。

第二节

用积极的心态迎接不幸

接受事实是克服不幸的第一步

事情已经发生，如果不能改变它，那么我们要做的就是接受它。

一对夫妇在婚后十一年生了一个男孩，夫妻恩爱，男孩自然是二人的心肝宝贝。男孩 2 岁生日的那天，丈夫在出门上班之际，看到桌上有一个药瓶打开了，不过因为赶时间，他只是嘱咐妻子把药瓶收好，然后就关上门上班去了。妻子在厨房里忙得团团转，转眼间就忘了丈夫的叮嘱。

小男孩拿起药瓶，觉得好奇，又被药水的颜色所吸引，于是拿起来全吃了。结果，男孩服药过量被送到医院时，医生已经无力回天了。

妻子被发生的事吓呆了，不知如何面对丈夫。紧张的父亲赶到医院，得知噩耗悲痛欲绝，看着儿子的尸体，他望了妻子一眼，然后说道："亲爱的，我爱你。"

丈夫并没有被情绪所控制而怪罪妻子，而是强忍住心中的悲痛，安抚妻子。因为他知道，儿子的死已成事实，再吵再骂也不会改变结果，还会惹来更多的伤心。妻子已经很难过了，又何必在她的伤口上撒盐呢？这位丈夫可谓是人生的智者。的确，不幸已经发生，我们唯一能做的就是接受事实。

在法国一个偏僻的小镇，据传有一个特别灵验的水泉，常会出现奇迹，可以医治各种疾病。有一天，一个挂着拐杖、少了一条腿的退伍军人，一跛一跛地走过这个小镇。镇上的居民带着同情的口吻说："可怜的家伙，难道他要向上帝祈求再有一条腿吗？"

这一句话被退伍军人听到了，他转过身对他们说："不是向上帝祈求有一条新的腿，而是要祈求他帮助我，叫我没有一条腿后也知道如何过日子。"

为失去的东西而懊悔是没有用的，重要的是接受现实，为以后的生活做好计划。

在荷兰阿姆斯特丹，有一座15世纪的寺院，寺院的废墟里有一个石碑，石碑上刻着："既已成为事实，只能如此。"在人生漫长的岁月中，你一定会遇到一些令人不愉快的事情。你要把它们当作一种不可避免的情况加以接受，并且适应它，哲学家威廉·詹姆斯说过："要乐于承认事情就是这样的。能够接受已发生的事实，就是能克服任何不幸的第一步。"

有一位很有名气的心理学家，为了让学生明白这个道理，一天给学生上课时拿出一只十分精美的咖啡杯。当学生们正在赞美这只杯子的独特造型时，他故意装作失手，咖啡杯掉在水泥地上，摔了个粉碎。学生们不断地发出了惋惜之声。这位心理学家指着咖啡杯的碎片说："你们一定对这只杯子感到惋惜，可是再怎么惋惜也无法使咖啡杯恢复原形。今后在你们生活中发生了无可挽回的事时，请想想这只破碎的咖啡杯。"

爱迪生的实验室有一次失火，等爱迪生赶到时，实验室已经是一片火海，价值数百万美元的实验仪器毁于一旦。爱迪生的儿子心疼得不得了。爱迪生却点起一根烟对儿子说："快把你妈妈叫过来，很难得有这么大一场火，叫她也来开眼界。"后来爱迪生说起这件事的时候说："不幸既然已经发生，那么我只有接受它，我干吗和自己过不去呢？再说，这场大火也意味着之前我所有的错误都被烧掉了，我可以更好地开始我的工作了，这难道不是一件好事吗？"

所以，如果不幸已经发生，那么就去接受不可改变的现实，即使再不情愿，也要及时收住自己错误的脚步，寻找新的方向。记住，事情已经发生，如果不能改变它，那么我们要做的就是接受它。

人生无坦途

人生没有坦途，当我们无法改变外在环境时，要想跨越生命中的障碍，取得某种突破，往往需要一定的魄力。

路如蛛网。

老人端坐于蛛网中央。

远远地，一个黑点在网上移动。

渐渐地，近了，近了，老人看清，那是一个魁伟英俊、朝气勃勃的年轻人。年轻人着一身牛仔服，穿一双登山鞋，背一个旅行包，挂一根铁拐杖，正急急地向老人靠近。

年轻人来到老人面前，深深地鞠了一躬。

"老大爷，我要到山那边去，该走哪条路？"

老人缓缓地抬起右手，伸出三个指头，反问道："左、中、右三条路，你想走哪一条？"

年轻人踌躇了一会儿，说："左边。"

"左边的路坎坷不平！"

老人说完，闭上了眼睛。

年轻人二话没说，拄了拐杖，走了。

不知过了多久，年轻人又来到老人面前。

"老大爷，我必须到山那边去，但怎么也走不出那些坎坷，您老人家能告诉我出山的路吗？"

老人又缓缓地抬起右手，伸出三个指头："左、中、右，你想走哪条路？"

"右边的。"年轻人声音很轻，似乎不好意思。

"右边的路，布满荆棘！"

老人说完，又闭上了眼睛。

年轻人呆呆地望了老人一会儿，拄着拐杖，一步一步地走了。

不知过了多久，年轻人再次来到老人面前。他放下背包，席地而坐，喘了几口粗气，才说："老大爷，我一定要到山那边去，但走来走去，总是在原地打转，走不出迷惑的荆棘，您老人家能帮帮忙，告诉我出山的路吗？"

老人还是缓缓地抬起右手，伸出三个指头："左、中、右，你想走哪一条路？"

"我想走一条平坦的路！"年轻人毫不犹豫地回答，脸上掠过一丝笑容。

"平坦的路是没有的啊！"老人说完，目光中却似乎充满了鼓励。

年轻人用沉思的眼光扫了老人一眼，似乎明白了老人的用意，背起背包，拄着拐杖，一步一步，坚定地向前走去。

很多人希望能在平坦的人生之路上高唱心中最美的牧歌，像海子去草原寻找美丽的灰姑娘，像三毛去天堂寻找心爱的荷西。如果没有平坦的路，我们就要做一些冒险和牺牲，就像愚公为了走上坦途，选择了移山。

在漫长的人生道路上，谁都难免遇上厄运和不幸。但生活的脚步不论是沉重，还是轻盈，我们从中不仅要品尝失败的痛苦，同时也应该学会享受收获与快乐。我们要善于总结跌倒的教训，在哪里跌倒就在哪里爬起来，告别迷惘的昨天，珍惜美好的今天，微笑着面对明天，充满信心展望更加灿烂的后天。不管是从辉煌成功中走出，还是在失败中奋起，漫漫人生路，踏平坎坷成大道，才是我们不懈的追求。

一家公司的主管，在一次培训课上，用一幅图诠释了一个人生哲理。

他首先在黑板上画了一幅图：在一个圆圈中间站着一个人。接着，他在圆圈的里面加上了一座房子、一辆汽车、一些朋友。

主管说："这是你的舒服区。这个圆圈里面的东西对你至关重要：你的住房、你的家庭、你的朋友，还有你的工作。在这个圆圈里面，人们会觉得自在、安全，远离危险或争端。现在，谁能告诉我，当你跨出这个圈子后，会发生什么？"

教室里顿时鸦雀无声，一位积极的学员打破沉默："会害怕。"

另一位说："会出错。"

这时，主管微笑着说："当你犯错误了，其结果是什么呢？"

最初回答问题的那名学员大声答道："我会从中学到东西。"

主管说："是的，你会从错误中学到东西。当你离开舒服区以后，你学到了你以前不知道的东西，增加了自己的见识，所以你进步了。"

主管再次转向黑板，在原来那个圈子之外画了个更大的圆圈，还加上些新的东西，包括更多的朋友、一座更大的房子，等等。

"如果你总是在自己的舒服区里打转，你就永远无法扩大你的视野，永远无法学到新的东西。只有当你跨出舒服区以后，你才能使自己人生的圆圈变大，你才能把自己塑造成一个更优秀的人。"主管说道。

的确，在这个世界上，没有一成不变的环境与事物，每个人随时随地可能都需要转换生存方式、生存环境、生存角色、生存意识。如果始终拘泥于一种思考方式、一个固定位置，就会成为井底之蛙，看不到更广阔的空间，得不到更长远的发展。

人类科学史上的巨人爱因斯坦，在报考瑞士联邦工艺学校时，因三科不及格而落榜，被人嘲笑为"低能儿"。被誉为"东方卡拉扬"的日本著名指挥家小泽征尔，在初出茅庐的一次指挥演出中，曾被中途"轰"下场来，紧接着又被解聘。为什么厄运没有摧垮他们？因为他们始终把坎坷看作人生的轨迹，看作人生的一种磨炼。假如没有当时的厄运和无奈，也许就没有他们日后绚丽多彩的人生。

世上有许多的事情是难以预料的。成功伴随着失败，失败伴随着成功。面对成功或荣誉，不要狂喜，也不要盛气凌人，把功名利禄看轻些，看淡些；面对挫折或失败，要像爱因斯坦、小泽征尔那样，不要忧伤，更不要自暴自弃，把厄运、羞辱看远些、看开些。

漫长的人生道路上，难免会有得意与失落的时候，十年河东十年河西，在困难到来的时候，不需要你拼命地往前冲，只要你别向后退缩，咬着牙挺过去，把手头的事做好了，幸福也就不远了。

人生本无坦途，太顺利了未必就是好事，人的一生，既要享受生活带给你的幸福，也要承受生活带给你的磨难。生活是一把双刃剑，穷有穷的开心，富也有富的烦恼。重要的是你的心态，心态不好你的快乐就会很少，心态好了快乐就会随时在你身边。

在通向成功的人生道路上布满了荆棘，充满数不清的艰难、困苦、辛酸与煎熬。人世间的风风雨雨，就是这个世界赐予我们的智慧，一个人经风雨越多，他的阅历就越广；阅历越广，大脑开发的程度就越高；大脑的开发程度越高，拥有的智慧就越多。

踏平坎坷是坦途，一个人一生中的坎坷，不是苦难，而是财富。每一个挫折与失败，都是一次痛苦的记忆和教训，但也是灯塔、航标，是未来人生路上的指南针。

无论是面对逆境，还是一直走在坦途上，只有怀着积极心态的人，才能不断地超越自己，才能在未来世界的发展之中立于不败之地。因此，我们每个人都要勇于更新自己的思维方式，转换自己的生存状态，调整自己的前进步伐。

乐观地面对一切

一时的困境并不意味着你的整个人生都是灰暗的，只要你永远保持乐观积极的心态，笑迎人生的一切，那么风雨过后，你一定能见到绚丽的彩虹。

人的一生，就像一次旅行，沿途中既有数不尽的坎坷泥泞，也有看不完的风景。我们既能享受阳光、希望、快乐、幸福……也要面对黑暗、绝望、忧愁、不幸……

在面对人生的美丽时，我们都能微笑迎接，可是当我们面对人生那些不可避免的哀愁时，我们会有什么样的反应呢？

古希腊有一个大政治家叫狄摩西尼。天生的不幸，他的齿唇有缺陷，说话含糊不清，很难与人沟通、交流，这令他非常苦恼。为了纠正自己的这个毛病，狄摩西尼找来一块小鹅卵石含在嘴里练习说话。有时跑到海边，有时跑到山上，尽量放开喉咙背诵诗文，练习一口气念几个句子。长时间的练习，石子磨破了他的牙龈，每次都弄得满嘴是血。血染红了他嘴里的石头。但这些困难并没有使他放弃练习，一直到口齿流利，能侃侃而谈为止。

狄摩西尼的故事之所以感人，是因为他在用意志与躯体抗争，用美好的愿望与不幸的缺陷抗争……

其实，这更像在拔河，是在心里拔河。有时候，我们的心中时常会萌生出一些美好的愿望，并按照这美丽的线索，去寻找自己生命的春天。但是自身的缺陷、懒惰、怯懦等束缚着愿望远行的脚步。为此，双方总要在内心深处较量一番。而较量的结果只有两种：一种是行动伴着愿望一起走，一种是美好的愿望枯萎在束缚的泥潭里。

有两个姑娘，她们一个叫珍妮，是美国人；另一个叫南希，是英国人。她们聪明、美丽，但都有残疾。

珍妮出生时两腿没有腓骨。一岁时，她的父母做出了充满勇气但备受争议的决定：截去珍妮膝盖以下的部位。珍妮一直在父母的怀抱和轮椅上生活。后来，她装上了假肢，凭着惊人的毅力，她现在能跑，能跳舞和滑冰。她经常在女子学校和残疾人会议上演讲，还做模特，频频成为时装杂志的封面女郎。

与珍妮不同的是，南希并非天生残疾。她曾参加英国《每日镜报》的"梦幻女郎"选美，并一举夺冠。1990年她赴南斯拉夫旅游，决定侨居异国。当地内战期间，她帮助设立难民营，并用做模特赚来的钱设立希茜基金，帮助因战争致残的儿童和孤儿。1993年8月，在伦敦她不幸被一辆汽车撞倒，造成肋骨断裂，还失去了左腿。但她没有被这一生活的不幸击垮，很快就从痛苦中恢复过来，康复后她比以前更加积极地奔走于车臣、柬埔寨，像戴安娜王妃一样呼吁禁毒，并为残疾人争取权益。

　　也许是一种缘分，珍妮和南希在一次会见国际著名假肢专家时相识。她们一见如故，现在情同姐妹。

　　虽然肢体不全，但她们都不觉得这是多么了不得的人生憾事，反而觉得这种奇特的人生体验给了她们更加坚韧的意志和生命力。她们现在使用假肢，行动自如。只有在坐飞机过安检时，才会显出两位大美人的腿与众不同。

　　只要不掀开遮盖着膝盖的裙子，几乎没有人能看出两位美女是安装的假肢。她们常受到人们的赞叹："你的腿长得真美，看这曲线，看这脚踝，看这脚趾涂得多鲜红！"

　　珍妮说："我虽然截了双腿，但我和世界上任何女性没有什么不同。我喜欢打扮，希望自己更有女人味。"

　　这对姐妹几乎忘了自己有残疾。她们没有时间去自怨自艾，人生在她们眼里仍然是美好的，她们在人们眼中也是美好的。也有异性追求她们，她们和别的肢体健全的姑娘一样，也有着自己的爱情。

　　乐观地面对生命的一切，永远积极地生活，这就是珍妮与南希的做事原则和人生态度。

虽然，每个人的人生际遇各不相同，而且命运也并不是对每一个人都很公平，但是相信上帝在关上一道门的同时，也会为你开启一扇窗。面对窗外的大地和天空，就看你能不能高昂起你的头，用一双智慧的眼睛，透过岁月的风尘寻觅到辉煌灿烂的繁星。先不要说生活怎样对待你，而是应该问一问自己，你是怎样看待生活的。

面对人生阴暗时，如果我们的一颗心总是被忧愁、沮丧所覆盖，干涸了心泉、黯淡了目光、失去了生机、丧失了斗志，我们的人生岂能美好？而我们又岂能成就大事？

永远不要指望靠别人的同情与帮助来获得成功。就现实的情形而言，悲观失望者一时的呻吟与哀号，虽然能得到短暂的同情与怜悯，但最终只会招来别人的鄙夷与厌烦。

假如我们能始终保持一种健康向上的心态，乐观地看待眼前发生的一切，那么，即使我们身处逆境、四面楚歌，也一定会有"山重水复疑无路，柳暗花明又一村"的那一天。

在人生道路上，既有阳光也有风雨，一个人要想赢得人生，就不能总把目光停留在那些消极的东西上，那只会使人沮丧自卑、徒增烦恼，让人生被生活的阴影遮蔽它本该有的光辉。

把苦难当作人生最珍贵的财富

每个人的人生中都充满了苦难。人是从苦难中成长起来的，唯有乐观奋斗，才能得到人生中最珍贵的财富。

澳门大富豪何鸿燊年幼时突然家道中落，何鸿燊无法接受但又不得不面对这冷酷的现实。想当初，衣食无忧，进出都有仆人侍候。现在父亲、哥哥流亡南洋，家居陋室，没有当家人，仿佛天都塌了。这一切都压在母亲柔弱的肩膀上，母亲和姐姐常为柴米油盐的事小声嘀咕，一家人忧柴忧米、忧穿忧用，这种情绪也传染给了年纪最小的何鸿燊，他常常担忧老鼠偷米，第二天没有米下锅，上不成学。

晚上睡在硬板床上，望着母亲忧郁的神色、简陋的家具、用具，脑海里就浮现出富丽堂皇的洋房、餐桌上的美味佳肴、成群的奴仆。他那时还傻想，如果父亲和哥哥回来，就会把荣华富贵带回来。何鸿燊最不能忍受的，是原来那些亲戚见何家财大势大，见了何家人总是低眉顺首、恭恭敬敬。现在他们对何鸿燊一家避而远之，见到何鸿燊还摆架子，甚至百般嘲弄。

有这样一件事情：一次，何鸿燊牙齿蛀烂，需要补牙。正好他家一个亲戚是牙医，过去一直走动，每次来何家都要逗何鸿燊开心。何鸿燊就去他的牙科诊所，做牙齿的亲戚正闲着，跷着二郎腿坐在旋转椅上，没有起身，爱理不理的。

"你来这里做什么？""我的牙坏了，想补牙。""那你身上有钱吗？""没有钱。"牙医亲戚笑起来。何鸿燊不懂世事，不知他为什么问这些。以前何鸿燊来他诊所玩，他主动给何鸿燊检查牙齿，还说了许多保护牙齿的知识，从来没有提过钱的事。何鸿燊正纳闷，牙医亲戚怪声怪气地说道："没有钱，就回去吧，补什么牙？干脆把牙齿全部拔掉算了。"何鸿燊瞠目结舌，想不到亲戚会变成这个样子。何鸿燊不禁泪如泉涌，扭头就走。回到家里，向母亲哭诉。母亲也伤心地流泪，母子抱头痛哭。这件事给何鸿燊的刺激非常大，使他从富家子弟的旧梦中彻底清醒过来。多年以后，成为巨富的何鸿燊回忆辛酸的往事时说："想不到人穷，亲戚便如此势利。"

经过家境变故后，何鸿燊一家人都感觉到了人情的冷暖，母亲更是终日以泪洗面。何鸿燊于是下决心争一口气！父亲破产之前，何鸿燊在香港名校——皇仁书院读书。他是出名的公子哥，淘气的把戏没人比得过他，读书就大为逊色，学业太差，被分在差生班 D 班。过去家中富有，成绩再差也可以读下去。现在家里经济状况朝不保夕，仅靠母亲打工赚取微薄的生活费，哪里还有余钱给他交学费。

一天，母亲把何鸿燊叫到跟前，郑重其事地指出两条路供他选择：一是退学，帮家里赚钱；二是靠拿好成绩获取奖学金，否则，家里无法保证他昂贵的学费。何鸿燊不禁想起做牙医的亲戚，想起了家庭变故，便选择了第二条路。家穷促使他早熟，他明白穷人只有靠读书方可出头。何鸿燊发愤苦读，到学期末，成绩居 D 班第一，这个成绩，在 A 班也属中上水平。何鸿燊如愿以偿获得奖学金，开创了皇仁书院 D 班学生获奖学金的纪录。以后，何鸿燊年年都获得奖学金。

如果将幸福、欢乐比作太阳，那么，不幸、失败和挫折就可以比作月亮，人不可能只企求永远在阳光下生活。法国作家巴尔扎克说过："苦难对于天才是一块垫脚石，对能干的人是一笔财富，对弱者是一个万丈深渊。"

苦难是人生的财富，但是正在受苦或正在摆脱受苦的人是没有权利诉说的。苦难变成财富是有条件的，这个条件就是，你战胜了苦难并远离受苦。只有在这时，苦难才是你值得骄傲的一笔人生财富，别人听着你倾诉苦难时，也不觉得你是在念苦经，只会觉得你意志坚强，值得敬重。

所以，丘吉尔在自传中就写道：苦难，是财富还是屈辱？当你战胜了苦难时，它就是你的财富；可当苦难战胜了你时，它就是你的屈辱。

我国著名体操运动员桑兰，在1998年的美国长岛运动会上不幸摔伤，导致下身瘫痪。面对这突如其来的打击，桑兰并没有沮丧，她勇敢乐观地正视这次苦难，以她的微笑赢得了世人的尊敬。终生瘫痪，这对一个人来说是多么悲哀的事情，而桑兰在苦难面前却没有退缩，以乐观的心态笑对人生，她在轮椅上艰苦奋斗，最终成为了上海星空卫视体育节目的主持人。这样的财富，远比一辈子安乐生活的人有价值得多。苦难这把利刃，一方面割破了你的心，另一方面掘出了生命的新水源。

温室的花朵经不起风吹雨打，而饱受寒风摧残的苍松却可以屹立在严冬里。最宝贵的财富往往在苦难过后才能得到，正如孟子所言："天将降大任于斯人也，必先苦其心志……"永远生活在安逸里的人，从未经历过苦难，很难铸就坚强的精神，也很难在人才济济的社会上走得更远。

人的一生不可能不经历苦难，但我们可以从中得到最宝贵的财富。我们要辩证地看待苦难，扼住命运的喉咙，扬起生活的风帆，把握苦难后的财富，让苦难塑造出一个坚强的自我。

在漫长的人生旅途中，苦难并不可怕，受了挫折也无须忧伤。只要心中的信念没有萎缩，你的人生旅途就不会中断。所以，你要微笑着面对生活，不要抱怨生活给了你太多的苦难，不要抱怨生活中有太多的曲折，更不要抱怨生活中存在不公。当你走过世间的繁华，阅尽世事，你会幡然醒悟，苦难是人生中最珍贵的财富，再苦再难也要笑一笑！

从现在起，感谢折磨你的人吧

人不能总停留在原地，而是要努力向前。感谢折磨你的人，你将得到更迅捷的发展。

对于生活中的各种折磨，我们应时时心存感激。只有这样，我们才会常常有一种幸福的感觉，纷繁芜杂的世界才会变得鲜活、温馨和动人。一朵美丽的花，如果你不能以一种美好的心情去欣赏它，它在你的心中和眼里也就永远娇艳妩媚不起来，而如同你的心情一般灰暗和没有生机。只有心存感激，我们才会把折磨放在背后，珍视他人的爱心，才会享受生活的美好，才会发现世界原本有很多温情。心存感激，是一种人格的升华，是一种美好的人性。只有心存感激，我们才会热爱生活，珍惜生命，以平和的心态去努力地工作与学习，使自己成为一个有益于社会的人。心存感激，我们的生活就会洋溢着更多的欢笑和阳光，世界在我们眼里就会更加美丽动人。从今天开始，感谢折磨你的人吧！正如网上流传的一首诗写的那样：

当我们拿花送给别人时，
首先闻到花香的是我们自己。
当我们抓起泥巴想抛向别人时，
首先弄脏的是我们自己的手。
一句温暖的话，
就像往别人的身上洒香水，
自己也会沾到两三滴，
因此，要时时心存好意，

脚走好路、身行好事、惜缘种福。

很多的时候，

我们需要给自己的生命留下一点空隙，

就像两车之间的安全距离，

一点缓行的余地，

可以随时调整自己，进退有序，

生活的空间，需要清理消减而留出，

心灵的空间，则经思考领悟而拓展。

我们手中握有的这副牌，

不论好坏，都要把它打得淋漓尽致。

人生亦然，重要的不是发生了什么事，

而是我们处理它的方法和态度，

假如我们转身面向阳光，就不可能陷在阴影里。

光明使我们看见许多东西，

也使我们看不见许多东西，

假如没有黑夜，

我们便看不到天上闪亮的星辰。

因此，即便是曾经一度使我们难以承受的痛苦磨难，

也不会完全没有价值，

它可以使我们的意志更坚定，

思想人格更成熟。

因此，当困难与挫折到来，

应平静而对，乐观地处理，

不要在人我是非中彼此摩擦。

有些话语称起来不重，

但稍一不慎，

便会重重地坠到别人心上，

同时，也要训练自己，

不要轻易被别人的话扎伤、变心。

你不能决定生命的长度，但你可以控制它的宽度，

你不能左右天气，但你可以改变心情，

你不能改变容貌，但你可以展现笑容，

你不能控制他人，但你可以掌握自己，

你不能预知明天，但你可以利用今天，

你不能样样胜利，但你可以事事尽力。

凡事感激，感激伤害你的人，因为他磨炼了你的心志，

感谢欺骗你的人，因为他增进了你的智慧，

感谢中伤你的人，因为他砥砺了你的人格，

感谢鞭打你的人，因为他激发了你的斗志，

感谢遗弃你的人，因为他让你学会了独立，

感谢绊倒你的人，因为他强化了你的双腿，

感谢斥责你的人，因为他提醒了你的缺点，

凡事感谢，学会感谢，感谢一切使你成长的人！

第三节

挫折是成功的入场券

大海上没有不带伤的船

痛苦、失败和挫折是人生必须经历的。受挫一次，对生活的理解便加深一层；失误一次，对人生的领悟便增添一级；磨难一次，对成功的内涵便透彻一些。从这个意义上说，想获得成功和幸福，想过得快乐和充实，首先就得真正领悟失败、挫折和痛苦。

英国一个保险公司曾经从拍卖市场上买下一艘船，这艘船原来属于荷兰一个船舶公司，它1894年下水，在大西洋上曾138次遭遇冰山，116次触礁，13次失火，207次被风暴折断桅杆，但是从来没有沉没过。

根据英国《泰晤士报》报道，截止到1987年，已经有1200多万人次参观了这艘船，仅参观者的留言就有170多本。在留言本上，留得最多的一条就是——在大海上航行没有不带伤的船。

在大海上航行没有不带伤的船，我们在生活中同样不可能一帆风顺，难免会有失败和挫折。失败和挫折其实是人生不可或缺的一部分，他们是上帝与人们的一种沟通方式，好让你知道自己为何失败。

迈向成功的转折点，通常是从失败或挫折开始的。

有这么一个人，他的人生简历如下：

22岁，生意失败；

23岁，竞选州议员失败；

24岁，生意再次失败；

25岁，当选州议员；

26岁，爱人去世；

27岁，精神崩溃；

29岁，竞选州长失败；

34岁，竞选国会议员失败；

37岁，当选国会议员；

39岁，国会议员连任失败；

46岁，竞选参议员失败；

47岁，竞选副总统失败；

49岁，竞选参议员再次失败；

51岁，当选美国总统。

这个人就是亚伯拉罕·林肯，被认为美国历史上最伟大的总统之一，经历了无数次的失败，终于在最后一次获得成功。什么叫成功者？成功者不过是爬起来比倒下去多一次。就这样的一次，便是成功者与失败者的最大区别。

追求成功的过程中一定充满挫折与失败。你不打败它们，它们就会打败你。任何人在成功之前，没有不遭遇失败的。每一个成功的故事背后都有无数失败的故事。伟大的发明家爱迪生在经历了一万多次失败后才发明了灯泡，而沙克也是在试用了无数介质之后，才培养出了小儿麻痹疫苗。约翰·克里斯在出版第一本书之前，曾写过564本其他书，并遭到1000多次的退稿，但他并没有灰心放弃，终于第565本书获得了成功，成为英国著名的多产作家。

所以，接受失败，正确对待失败，危机就能成为转机，总会有云开雾散的一天。失误其实也是一种特殊的教育、一种宝贵的经验，换个角度去面对它，可能会有意想不到的收获。

一名德国工人在生产书写纸时，不小心弄错了配方，结果生产出一大批不能书写的废纸。他不但被扣工资，还被罚钱，最后被解雇。他并没有灰心丧气，在朋友的提醒下，他想到，这批纸虽然不能作为书写纸来使用，但吸水性极佳，可用来吸干器具上的水。于是，他将这批纸切成小块，取名"吸水纸"，上市后相当抢手。后来，他申请了专利，因此成为大富翁。

宝洁公司有这样一个规定：如果员工三个月没有犯错误，就会被视为不合格员工。对此，宝洁公司全球董事长的解释是：那说明他什么也没干。

人的一生不可能一帆风顺。挫折和失败是人生中必须经历的，只有经过挫折和失败的考验，人才能展翅高飞，走向成熟。

挫折是成功的入场券

挫折是成功的入场券。得到了它，成功便成为挫折送给你的礼物。

我们每个人都会面临各种挑战、各种机会、各种挫折，这时候你承受挫折的能力就决定你未来的命运。成功不是一个海港，而是一次埋伏着许多危险的旅程，人生的赌注就是在这次旅程中要做个赢家，成功永远属于不怕失败的人。

有一个博学的人遇见上帝，他生气地问上帝："我是个博学的人，为什么你不给我成名的机会呢？"上帝无奈地回答："你虽然博学，但样样都只尝试了一点儿，不够深入，用什么成名呢？"

那个人听后便开始苦练钢琴，后来虽然弹得一手好琴却还是没有出名。他又去问上帝："上帝啊！我已经精通了钢琴，为什么您还不给我机会让我出名呢？"

上帝摇摇头说："并不是我不给你机会，而是你抓不住我给你的机会。第一次我暗中帮助你去参加钢琴比赛，你缺乏信心；第二次缺乏勇气，又怎么能怪我呢？"

那人听完上帝的话，又苦练数年，建立了自信心，并且鼓足了勇气去参加比赛。他弹得非常出色，却由于裁判的不公正而被别人占去了成名的机会。

那个人心灰意冷地对上帝说："上帝，这一次我已经尽力了，看来命中注定，我不会出名了。"上帝微笑着对他说："其实你已经快成功了，只需最后一跃。"

"最后一跃？"他瞪大了双眼。

上帝点点头说："你已经得到了成功的入场券——挫折。现在你得到了它，成功便成为挫折给你的礼物。"

这一次那个人牢牢记住上帝的话，他果然成功了。

人不能只企求永远在阳光下生活，在生活中从没有失败和挫折是不现实的。挫折是成功的入场券，能使人走向成熟，取得成功，但也可能破坏信心，让人丧失斗志。对于挫折，关键在于你怎么看待。

山里住着一家猎户。父亲是个老猎手，在山里闯荡了几十年，猎获野物无数，走山路如履平地，从未出过事。然而有一天，因下雨路滑，他不小心跌落山崖。

两个儿子把父亲抬回了破旧的家，父亲已经快不行了。弥留之际，他指着墙上挂着的两根绳子，断断续续地对两个儿子说："给你们两个，一人一根。"还没说出用意就咽了气。

掩埋了父亲，兄弟二人继续打猎的生活。然而，猎物越来越少，有时出去一天连只野兔都打不回来，兄弟俩的日子艰难地维持着。一天，弟弟与哥哥商量："咱们干点别的吧！"哥哥不同意："咱家祖祖辈辈都是打猎的，还是本本分分地干老本行吧。"

弟弟没听哥哥的话，拿上父亲给他的那根绳子走了。他先是砍柴，用绳子捆起来背到山外换几个钱。后来他发现，山里一种漫山遍野的野花很受山外人喜欢，且价钱很高。从此，他不再砍柴，而是每天背一捆野花到山外卖。几年下来，他盖起了自己的新房子。

哥哥依旧住在那间破旧的老屋里，还是干着打猎的营生。由于常常打不到猎物，生活越来越拮据，他整天愁眉苦脸，唉声叹气。一天，弟弟来看哥哥，发现他已经用父亲留给他的那根绳子吊死在房梁上。

如果给你一根绳子，你当如何？

失败是一种人生财富

一个人经历的失败越多，他的经验就越丰富，做人就越成熟，能力也就越强。

古埃及国王有一次举行盛大的国宴，厨工在厨房里忙得不可开交。一名小厨工不慎将一盆羊油打翻，吓得他急忙用手把混有羊油的炭灰捧起来往外扔。扔完后去洗手，他发现双手滑溜溜的，特别干净。小厨工发现这个秘密后，悄悄地把扔掉的炭灰捡回来，供大家使用。后来，国王发现厨工们的手和脸都变得洁白干净，便好奇地询问原因。小厨工便把自己的事情告诉了国王。国王试了试，效果非常好。很快，这个发现便在全国推广开来，并且传到希腊、罗马。没多久，有人根据这个原理研制出流行全世界的肥皂。

错误，绝对没有想象中那么可怕，它其实是一种特殊的教育、一种宝贵的经验。有时候，错误中往往孕育着机会。换个念头去面对错误，可能是另一个更圆满的成果。

2002年10月10日，一条消息在全球迅速传播开来——日本一位小职员荣获了2002年诺贝尔化学奖。一位小职员居然也获得如此大奖？没错，他就是日本一家生命科学研究所的田中。

他不是科学界的泰斗，也非学术界的精英，他甚至不是优等生，大学时还留过级；他找工作时未通过面试而被索尼公司拒之门外，后经老师的极力推荐才有机会走进现在的这家研究所。他是那样平凡，获奖前，就连同事都不知道有田中这个人。当他接到获奖通知时，他还以为是谁在跟他开玩笑呢。

面对众多记者的追问，田中笑着说："说来惭愧，一次失败却创造了让世界震惊的发明……"

事实的确如此。当时，田中的工作是利用各种材料测量蛋白质的质量。有一次，他不小心把丙三醇倒入钴中，他没有立即推翻重来，而是将错就错对其进行观察，于是意外地发现了可以异常吸收激光的物质，为以后震惊世界的发明"对生物大分子的质谱分析法"奠定了成功的基础。

失败在悲观者眼里是灾难，在乐观者眼里却是一次改正的机会。有失败的痛苦，才有成功的欢乐；有失败的考验，才有做人的成熟。勾践被夫差打败后，卧薪尝胆十年才一雪前耻；史蒂芬孙发明的第一辆火车又笨又慢，经过无数次改良，终于成功。所以，失败也是一种财富，因为通过它又一次磨炼了你自己，完善了自我，又一次体会到坚韧的宝贵价值。

失败会使生活产生波折，从而更添生活情趣。没有遭遇过失败的人，永远是肤浅的。一个人经历的失败越多，他的经验就越丰富，做人就越成熟，能力也就越强。这样的人，只要他还能保持乐观，保持顽强的上进心，他就一定能成功。

有缺陷，就勇敢地面对

人生的意义不在于拿到一副好牌，而在于怎样打好一副烂牌。

一只毛毛虫向上帝抱怨："上帝啊，你也太不公平了。我作为毛毛虫的时候，丑陋又行动缓慢，而当我变成了蝴蝶后，却美丽又轻盈。前期遭人厌恶，后期又招人赞美。这也太不公平了吧！"

上帝点了点头，说："那你准备怎么办？"

毛毛虫接着说："这样吧，平衡一下。我现在虽然丑陋点，但你让我行动轻盈点；当我化为蝴蝶后，让我行动迟缓一点。"

"这样啊，那恐怕你活不了多久啊！"上帝摇了摇头。

"为什么呢？"毛毛虫焦急地反问。

"如果你有蝴蝶的漂亮却只有毛毛虫的速度，是不是很容易就被人捉了去呢？现在之所以没人碰你，就是因为你丑陋啊。"上帝语重心长地说。

毛毛虫想了想，决定还是做一只缓慢而丑陋的毛毛虫。

在这个世界上没有一个人是完美的。不要害怕自己有缺陷，会受到别人的嘲笑，要勇敢地去面对它，并将这些缺陷化作自己前进的动力。

布莱克从小双目失明，那时候他还不知道失明的后果。他长大以后，他知道他将永远看不到这个世界。

"上帝，为什么要这样对我？难道是我做错了什么吗？我看不到小鸟，看不到树木，看不见颜色。失去了光明，我还能干什么？"布莱克常常这么问自己。

他的亲人和朋友，还有许多好心人都关怀他，照顾他。当他坐公共汽车的时候，常常有人为他让座。当他过马路的时候，会有人来搀扶他。但布莱克把这一切都看成别人对他的同情和怜悯，他不愿意一直这样被同情怜悯。

直到有一天，一件事情改变了他对世界的看法。那是莱恩神父讲给他的一句话："世上每个人都是被上帝咬过一口的苹果，都是有缺陷的。有的人缺陷比较大，因为上帝特别喜爱他的芬芳。"

"我真的是上帝咬过的苹果吗？"他问莱恩神父。

"是的，你不是上帝的弃儿。但是上帝肯定不愿意看到他喜欢的苹果在悲观失望中度过他的一生。"莱恩神父轻轻地回答道。

"谢谢您，神父，您让我找到了力量。"布莱克高兴地对神父说道。从此他把失明看作上帝的特殊钟爱，开始振作起来。若干年后，当地传诵着一位德艺双馨的盲人推拿师的故事。

上帝知道了这件事，笑道："我很喜欢这个美丽而睿智的比喻。我从没有放弃过任何一个苹果。"

事实上，有许多先天条件并不优秀的人之所以取得成功，是因为他们的缺陷促使他们加倍努力而得到更多的补偿。

一个男孩，从小到大都是坐在教室的最前排，因为他的个子一直是班上最矮的，只有一米二，而这个身高从此没有再改变过。他患的是一种奇怪的病，医生说是内分泌失常导致的。

他的家境不好，父母都是农民，却要供养三个孩子念书。他上中学了，父母决定从学校召回一个孩子，他们的目光首先落到了矮小的他身上。可他倔强地回绝了父亲："我要上学，学费我自己想办法！"从此，他拎着一个大大的塑料袋开始了自己的拾荒生涯，将一包包的废品换成学费。

在后来的一次事故中，父亲不幸丧失了劳动能力，矮小的他不得不连兄妹的担子也替父母扛起来。很显然，卖破烂的钱已远远不够。偶然的机会，他听人说烟台一带拾荒的人少，就和父亲来到了烟台。

为了生计，他边拾荒边乞讨，有空的时候，他就坐在人来车往的大街边捧着书本看。

父亲说，讨饭的看书有什么用。他反驳道，乞丐也有两种，一种是形式上的，一种是精神上的，他是第一种。

在拾荒与乞讨的间隙，他以超乎常人的毅力与决心，学完了高中的所有课程，因为他有一个梦想。功夫不负有心人，在 2003 年，他以超出本科线 30 分的成绩被重庆工商大学录取。他就是袖珍男孩——魏泽阳。

有人问他为什么能改变自己的命运。他从容地说："我可以贫穷，却不可以低贱；我可以矮小，却不可以卑微！"

赖斯利说："人生的意义不在于拿到一副好牌，而在于怎么样打好一副烂牌。"缺陷不一定都是坏事，有可能就是你的长处和优点。只要会利用，可能还会给你带来意想不到的效果，但是，前提是你必须得正视缺陷。

人不可能十全十美，但人要永远追求完美。如果有缺陷，就要勇敢地面对，并战胜它。

第二章

逆商逻辑：
选择一蹶不振还是绝地反击

第一节

"自我伤害"是该停下来了

承认自己优秀

如果让你去寻找这个世界上最优秀的人，你会到哪里寻找？其实，在这个世界上，你时刻都要坚信这一点：最优秀的人就是你自己。

你是否看到别人很顺利地做成了某件事就羡慕别人的才能？尽管你是最优秀的，但你是否还有不如别人的念头？如果要你去找寻这个世界上最优秀的人，你会先想到自己吗？还是你只顾着考虑别人是最优秀的，而最终忽略了自己？

风烛残年之际，苏格拉底知道自己时日不多了，就想考验和点化一下他的那位平时看来很不错的助手。他把助手叫到床前说："我需要一位最优秀的传承者，他不但要有相当的智慧，还必须有充分的信心和非凡的勇气……这样的人直到目前我还未见到，你帮我寻找和发掘一位好吗？"

"好的，好的。"助手很温顺、很诚恳地说，"我一定竭尽全力地去寻找，不辜负您的栽培和信任。"

那位忠诚而勤奋的助手，不辞辛劳地通过各种渠道开始四处寻找了。可他领来一位又一位，都被苏格拉底一一婉言否定了。有一次，病入膏肓的苏格拉底硬撑着坐起来，抚着那位助手的肩膀说："真是辛苦你了，不过，你找来的那些人，其实还不如你……"

半年之后，苏格拉底眼看就要告别人世，最优秀的人还是没有眉目。助手非常惭愧，泪流满面地坐在病床边，语气沉重地说："我真对不起您，令您失望了！"

"失望的是我，对不起的却是你自己，"苏格拉底说到这里，很失望地闭上眼睛，停顿了许久，又不无哀怨地说，"本来，最优秀的人就是你自己，只是你不敢相信自己，才把自己给忽略、给耽误、给丢失了……其实，每个人都是最优秀的，差别就在于如何认识自己、如何发掘和重用自己……"话没说完，一代哲人就永远离开了这个世界。

那位助手非常后悔，甚至整个后半生都在自责。

看罢这个故事，你是否有信心确定自己是最优秀的？事实就是像苏格拉底说的那样，一个人只有相信自己，才能做自己命运的主宰。

"相信自己"，这是成功人士的座右铭。我们现在可能不是想象中的某种"人才"，但也要相信自己有潜力成为那样的人。很多人拒绝承认自己是最优秀的，从一定程度上来说，这是一种自卑的表现。自卑于现状裹足而行的人，永远不可能成就自己。只有自信者，才会努力塑造自己，向着成功迈进。

放下包袱更能看到曙光

人生在世，当鱼和熊掌不能兼得的时候，继续为了"兼得"而不做舍弃，这不是智者的行为。

一个背着大包裹的焦虑者，千里迢迢跑来拜访一位德高望重的哲人。他诉苦道："先生，我是那样的孤独、痛苦和寂寞，长期的跋涉使我疲倦到极点，我的鞋子破了，荆棘割破双脚，手也受伤了，流血不止；嗓子因为长久的呼喊而喑哑……为什么我还不能找到心中的阳光？"

　　哲人问："你的大包裹里装的是什么？"焦虑者说："它对我可重要了。里面是我每一次跌倒时的痛苦，每一次受伤后的哭泣，每一次孤寂时的烦恼……靠着它们，我才能走到您这儿来。"

　　于是，哲人带焦虑者来到河边，他们坐船过了河。上岸后，哲人说："你扛着船赶路吧！""什么，扛着船赶路？"焦虑者很惊讶，"它那么沉，我扛得动吗？""是的，孩子，你扛不动它。"哲人微微一笑，说，"过河时，船是有用的。但过了河，我们就要放下船赶路。否则，它会变成我们的包袱。痛苦、孤独、寂寞、灾难、眼泪，这些对人生都是有用的，它们能使生命得到升华，但须臾不忘，就成了人生的包袱。放下它们吧！孩子，生命不能太负重。"

　　焦虑者放下包袱，继续赶路，他发觉自己的步子轻松而愉悦，比以前快得多。原来，生命可以不必如此沉重。

　　人生就是这样，在生活强迫我们必须付出惨痛的代价以前，主动放弃局部利益而保全整体利益是最明智的选择。智者曰："两弊相衡取其轻，两利相权取其重。"趋利避害，这也正是放弃的实质。

　　人生的目的不是面面俱到，不是多多益善，而是把已经掌握的东西得心应手地去运用，它跟宝剑一样，剑刃越薄越好，重量越轻越好。

　　一个带着过多包袱上路的人注定不会走快，只有卸下身上的包袄才可能走得更快。我们总是让生命承载太多的负荷，这个舍不得丢掉，那个舍不得丢掉，最终被压弯腰的是我们自己。放下虚荣，放下功利，放下金钱的压力，为自己的肩膀减负，我们才能过不焦虑的日子。

精明者敢于放弃，聪明者乐于放弃，高明者善于放弃。人其实天生就懂得放弃，但放弃不是盲目的，而是有选择性的，主在选择，次在放弃。要放弃失落带来的痛楚，放弃屈辱留下的仇恨，放弃心中所有难言的负荷，放弃耗费精力的争吵，放弃没完没了的解释，放弃对权力的角逐，放弃对金钱的贪欲，放弃对虚名的争夺——放弃的是烦恼，摆脱的是纠缠，而收获的是快乐，拥有的是充实。

放弃是为了更好地拥有。放弃是一种超脱、一种气度，更是一种升华、一种境界。

从现在起，不再对自己进行否定

每个人都有自己的独特个性，也都有自己的作用和能力，就像一个小螺母、一个小贝壳，放在正确的地方就是无价之宝。

永远都不要自暴自弃，要相信你是造物主所创造的最独特的个体，世间没有人和你相同，只要把你放到合适的地方，你就会创造属于你的价值。

一个生长在孤儿院中的男孩，常常悲观地问院长："像我这样没有人要的孩子，活着究竟有什么意思呢？"院长总是笑眯眯地对他说："孩子，别灰心，谁说没有人要你呢？"

有一天，院长亲手交给男孩一块普通的石头，说道："明天早上，你拿着这块石头到市场去卖，但不是真卖。记住，无论别人出多少钱，都不能卖。"

男孩一脸迷惑地接下了这块石头。

第二天，他忐忑不安地蹲在市场的一个角落里叫卖石头。出人意料地，竟然有许多人要向他买那块石头，而且一个比一个价钱出得高。男孩记着院长的话，没有卖掉。回到孤儿院后，他兴奋地向院长报告，院长笑笑，要他明天拿着这块石头到黄金市场去叫卖。在黄金市场，竟然有人出比昨天高出十倍的价钱要买那块石头，男孩拒绝了。

最后，院长让男孩把那块普通的石头拿到宝石市场上去展示。结果，石头的身价比昨天又涨了十倍。由于男孩怎么都不卖，这块石头被人传成"稀世珍宝"，参观者纷至沓来。

男孩兴冲冲地捧着石头回到孤儿院，他眉开眼笑地将一切情景禀报给院长。院长亲切地望着男孩，徐徐地说道："生命的价值就像这块石头一样，在不同的环境下就会有不同的意义。一块不起眼的石头，由于你的珍惜而提升了它的价值，被说成稀世珍宝。你不就像这块石头一样吗？只要自己看重自己，懂得珍惜自己，生命就有意义、有价值。"

一块石头自有它的价值，关键在于你将它放在什么地方。人生也是这样。

人生最大的损失，除丧失人格之外，就要算失掉自信心了。当一个人没有自信心时，他做任何事情都不会成功，就像没有脊椎骨的人永远站不起来一样。学会在小的事物中体会成功的愉悦，找回失去已久的自信，在自信中提升自我的价值，是很多成功人士成功的一大秘诀。

记住：每个人身上都有闪光点，千万不要轻易否定自己的价值。

看到劣势，但别抓住不放

每个人都应乐于接受自己，既接受自己的优点，也接受自己的缺点。事实上，绝大部分人对自己都持有双重的看法，他们给自己画了两张截然不同的画像，一张是表现其优秀品质的，没有任何阴影；另一张全是缺点，画面阴暗沉重，令人窒息。

我们不能将这两幅画像隔离开来，片面地看待自己，而是需要将其放到一起综合考察，最后合二为一。我们在踌躇满志时，往往忽视自己内心的愧疚、仇恨和羞辱；在垂头丧气时，却又不敢相信自己拥有的优点和取得的成绩。

我们应该画出自己的新画像，应该实事求是地接受自己、了解自己。很多人常常过分严格地要求自己，凡事都希望做得完美无缺，这是十分愚蠢的想法。

有些人因为自己有时候具有消极的破坏性情感，就以为自己是邪恶的，于是一蹶不振、自暴自弃，这很让人惋惜。我们应该明白，少许的性格缺点并不能说明我们就是不受欢迎的人。恩莫德·巴尔克曾说过，以少数几个不受欢迎的人为例来看待一个种族，这种以偏概全的做法是极其危险的。我们对自己、对别人具有攻击性、怀有仇恨，这是人性的一部分，我们不必因此就厌恶自己，觉得自己就像社会的弃儿一般。意识到这一点，我们就能在精神上获得超脱和自由。

如果我们能坦然接受自己的这些缺点，就不必戴着面具去生活，就会认识真正的自己。道德上的过于自负及苛刻的自我要求，都是你内心最大的敌人。我们要学会适当地宽容自己，要知道我们不可能像天使那样纯洁无瑕，能认识到这一点，我们才能保持内心的平静。

很可惜的是，现实中很多人并不能充足地认识到这一点。他们抓着自己的缺点不放，因为自己的某一个缺点就把自己全盘否定，甚至因为一味地强调自己的缺点变成了自卑者。他们总是一味轻视自己，总感到自己这也不行、那也不行，什么也比不上别人。他们怕正面接触别人的优点，总是回避自己的弱项，久而久之，这种情绪就占据了心头，可他们不明白这种情绪一旦占据心头，结果就是对什么都提不起精神，犹豫、忧郁、烦恼、焦虑便纷至沓来。

每一个事物、每一个人都有其优势，都有其存在的价值。具有自卑心理的人，总是过多地看重对自己不利和消极的一面，而看不到对自己有利、积极的一面，缺乏客观、全面地分析事物的能力和信心。这就要求我们应努力提高自己透过现象抓本质的能力，客观地分析对自己有利和不利的因素，尤其要看到自己的长处和潜力，而不是妄自嗟叹、妄自菲薄。

当然，我们也要承认，要形成能够坦然接受自己缺点的心态，需要一个过程而不是一蹴而就的。我们的进步是缓慢的、渐进的。

纽约的一位精神病医生遇到过这样一个病人，他酒精中毒，已经治疗了两年。有一次，这个病人来看医生，要求进行心理治疗。病人告诉医生说，前两天他被解雇了。当心理治疗完毕后，病人说："大夫，如果这件事发生在一年前，我是承受不住的。我想自己本来可以做得更好，避免这类事情的发生，却未能做到，为此我会去酗酒。说实话，昨天晚上我还这么想呢。但现在我明白了，事情既然已经发生了，就该正视它，坦然地接受它。失败就像成功一样，是人生中难得的经历，它是我们人生中不可避免的一部分。"

如果我们都能像这位病人一样，坦然接受生活的全部，那么我们就能够正确地看待各种不良的心境。沮丧、残酷、执拗，这些都只是暂时的现象，是人的多种情感的一部分。要求自己完美无缺的人往往极其脆弱，他们常常会因为对自己过分苛刻而感到绝望。每个人的性格中都有导致失败的因素，也有带来成功的因素。我们应有自知之明，把这两个方面都看作人性的固有成分，接受它们，进而努力发挥人性中的优点。

第二节

不要用内疚和后悔惩罚自己

不要拿过去犯下的错误处罚自己

令人后悔的事情，在生活中经常出现。许多事情做了后悔，不做也后悔；许多人遇到要后悔，错过了更后悔；许多话说出来后悔，说不出来也后悔……人的遗憾与后悔情绪仿佛是与生俱来的，正像苦难伴随生命的始终一样，遗憾与悔恨也与生命同在。

人产生后悔的心理原因大致可以分为两种：第一种是在做出决定之前对可能出现的消极后果有一定的预知，但由于疏忽大意或者盲目乐观，对这种危险的苗头没能采取必要的预防措施。在这种情况下，决定者是非常后悔的，因为他已经接近正确的选择，只因一念之差发生了重大遗漏。

另一种后悔经常发生在盲目乐观者身上。决定者在制定行动方案时，有意回避不利的信息，对未来的困难、危险及不利条件根本未加考虑。由于没有任何心理准备，也没有任何有效的应急措施，因此，决定者只有惊恐和本能的防御反应，只能临时利用手头的力量补救一下，但终因补救措施的非系统化、非严密化而收效不大。

谁都想自己的人生完美无缺，谁都不想承担因错误引起的痛苦，谁都想自己所做的每一件事情都正确，可毕竟这只是一种愿望而已。谁都会出错，即便是伟人名人也免不了会犯错。做了错事、走了弯路之后，有后悔情绪是很正常的，这是一种自我反省，是自我解剖的前奏曲，正因为有了这种"积极的后悔"，我们才会在以后的人生之路上走得更加稳。

　　但是，如果你抓住后悔不放，从此就一蹶不振或者自暴自弃，那么这种做法就真正是蠢人之举了。

　　古希腊诗人荷马曾说过："过去的事已经过去，过去的事无法挽回。"的确，昨日的阳光再美，也移不到今日的画册。我们又为什么不好好把握现在，而把大好的时光浪费在对过去的悔恨之中呢？因此，当你心生悔恨时，一定要及时调节。

　　事实就是如此，过去的已经过去，不要为打翻的牛奶而哭泣！生活不可能重复过去的岁月，光阴如箭，来不及后悔。从过去的错误中吸取教训，在以后的生活中不要重蹈覆辙，要知道"往者不可谏，来者犹可追"。

　　既然后悔对我们的生活毫无帮助，那么我们在生活中该怎样控制自己的后悔情绪呢？

　　1. 坚持写日记，记下你每天感到内疚悔恨的事情。详细地记载每次悔恨的时间、起因以及引发内疚的事情，这有助于你认识到自己的悔恨误区。

　　2. 将自己做过的后悔事列成清单。根据从 1～10 的标准评分，标明你对每件事的后悔程度，并且将各种后悔事的分数加起来，想一想分数高低对你的现状有什么影响。你会发现现实依然是现实，一切后悔都是徒劳无益的。

3. 做一些会使自己感到内疚的事情。例如，你刚到一个旅馆，服务员要带你去你的房间。你只有一件很小的行李，完全可以自己找到房间，你便可以告诉他你不需要他的帮助。如果这位不受欢迎的朋友仍然坚持要帮你拿行李，你可以指出他是在浪费自己的时间和精力，因为你不会为自己不需要的服务付小费。类似这种行为都将帮助你克服自己在各种环境下产生的内疚悔恨情绪。

用积极的行动消除负罪感

在现实生活中，当我们做错了某件事，或者做出了伤害他人的行为时，往往会产生后悔的情绪。负罪感是一种比较主观的感觉，其具体的程度与一个人的道德标准有着直接的关系。

有负罪感是好事。积极的负罪感有一定的好处，在这种负罪感的激励下，人们可以做出一些积极的行动。

一种社会环境中的道德准则与另一种社会环境中的道德准则可能完全不同。但不管哪种环境，当一个人被赋予了特定的道德标准之后，然后又违背它，那么这个人就会产生负罪感。当然，某些情况下，人们之所以违背社会的道德标准，是因为这个标准本身就是错误的。伴随着这种情况，产生的负罪感就是消极的，而消极的负罪感是极其有害的，因此，我们必须采取行动消除这种负罪感。

消极的负罪感让人毁掉自己的生活，毁坏自己的身体，或者让人以其他的方式伤害自己，来为自己曾经做下的错事赎罪。

事实上，负罪感不可怕，关键是要正确消除。要想积极地消除负罪感，可以通过以下几种方式。

★弥补

导致负罪感产生的原因可能有很多，但伴随负罪感而来的常有一种欠债的感觉——觉得欠下了必须偿还且必须清偿的债务。

有一个小孩每天都会跑到门口去接下班回来的爸爸，当小孩接到爸爸的时候，爸爸都会给他一颗糖。

有一天，这个小孩又站在门口接他的爸爸，还兴奋地问："我的糖呢？"这位年轻的爸爸失望地说："你每天接我，就是为了糖吗？"尽管如此，爸爸还是从口袋里拿出了糖，递给了小男孩。他们一起走回家，一路上什么话也没说。孩子受到了伤害，他很不快乐，糖也没有吃。

那天晚上，这个小孩很不高兴，临睡前将这件事告诉了妈妈。妈妈告诉他："明天你依然去接爸爸，但前提是不再吃糖了，这样一来，爸爸就会明白，你其实是因为爱他才接他的。"

这位小孩觉得不快乐，觉得悔恨，是因为他被爸爸误解。这些感觉强迫他采取行动消除负罪感，弥补自己的"过失"。

★采取行动

有时候，人会陷入错误行为的蜘蛛网中，而且看上去似乎无法挣脱，于是他们就放弃了努力。在接下来的日子里，他们被错误行为的蜘蛛网缠得越来越紧，自己也越来越痛苦。事实上，如果在这个时候能采取行动消除内心的负罪感，他们的生活就会重新回到正常的轨道。

张帅曾经是个很叛逆的年轻人，他似乎要努力把所有的戒律一一违反。中学时，和同学打架滋事被学校警告，直接影响他高考的志愿填报。于是，他一不二不休，偷了别人的钱，买张车票到了外地。

　　不久之后他再次作案，这次是抢劫。他被捕了，然后被投进监狱。出狱后又多次犯错。一个罪行导致另一个罪行。大家都认为张帅的意识中并没有负罪感，但是他的潜意识并非如此。他的负罪感在潜意识中积累。直到后来，他结婚成家了，有了自己的事业。一个极其特殊的经历唤醒了他。

　　有一天，他和妻子去看电影，当他听到主人公说"如果一个人赢得了整个世界，却失去了自己的灵魂，那对他又有什么益处"时，张帅感觉自己很难受。于是，他告诉了自己的妻子。

　　为了消除这种负罪感，妻子建议他马上把这些事情讲出来，讲给他人听。于是，他完全改变了自己的生活。他到处演说，讲述了他那些过往的经历，讲述了他是如何下决心改变的……他庆幸自己找到了走上正途的勇气。

　　如果你无法抵制诱惑，如果潜意识中的负罪感让你无法把自己的能量用于建设性的目标，那么，就请学习一下摆脱负罪感的模式。结合自己的生活并应用这一模式，让自己一步步走向成功。

要勇敢地说"不"

　　当你的决定让你被十分痛苦的内疚所支配的时候，你沉迷于取悦别人会变得更具悲剧性。具有讽刺意味的是，让某人利用内疚来操纵你的结果不仅对你，而且对其他人都是具有破坏性的，这种情况还相当普遍。尽管内疚推动的行为经常是基于你的理想主义，而因为放弃所带来的不可避免的后果却证明与理想截然相反。

赫莉的母亲很早便守寡，她勤奋工作，以便让赫莉能穿上好衣服，在城里较好的地区住上令人满意的公寓，能参加夏令营，上名牌私立大学。赫莉的母亲为女儿"牺牲"了一切。当赫莉大学毕业后，找到了一个报酬较高的工作。她打算独自搬到一个小型公寓去，公寓离母亲的住处不远，但人们纷纷劝她不要搬，因为母亲为她做出了那么大的牺牲，现在她撇下母亲不管是不对的。赫莉立刻感到有些内疚，并同意与母亲住在一起。后来她看上了一个青年男子，但她母亲不赞成她与男子交朋友，强有力的内疚感再一次作用于赫莉。几年后，为内疚感所奴役着的赫莉，完全处于她母亲的控制之下。最终，她又因负疚感造成的压抑毁了自己，并为生活中的每一个失败而责怪自己和自己的母亲。

具有内疚倾向的最不利的情况就是，别人可以并且会借用这种内疚来操纵你。假如你觉得有义务取悦每一个人，你的家庭和朋友就会强迫你做各种不利于你的事情。

玛丽是快乐的已婚妇女，她的赌徒哥哥亨利却总是用各种办法来利用她。当他输了钱时，他总是找各种各样的借口向她借钱，而那笔钱最终还是肉包子打狗——有去无回。亨利认为自己是玛丽的哥哥，只要他愿意，他就有权利每天晚上到她家里吃饭、喝酒、使用她的新汽车。玛丽并不是一个愚蠢的任人欺侮的女人，但是，每次她总是理智地向哥哥屈服。其实，她自己也能看到屈服所带来的负面后果——她的纵容是在支持他的不合理的生活方式；她知道自己充当着亨利的"冤大头"；她更明白，这样的生活方式并不是出于爱。但用她自己的话说就是"假如我向他借点什么，或者需要他的帮助，他肯定也会这么做。毕竟，互爱的兄妹应该彼此帮助。而且要是我对他说不，他就会发火，我就可能失去他。那样的话，我就会觉得我做了错事。"

在你本来应该说"不"的时候说了"是"，代价是很大的。

我们每一个人都有过去，也都有过失。面对过失，如果我们能吸取教训并不断改正，即使我们改正得有点慢，或者是完全改正所需要的时间有点长，但只要我们坚持改正，我们就可以问心无愧。徒有内疚，却不知道改正，只能成为别人的笑柄。当下次遇到类似的错误，我们还是会跌倒。

第三节

绝处逢生，无须把自己逼上绝路

没有绝望，堵死路的是我们自己

生活中，任何时候我们都不要绝望，折断了风帆，船还在；失败了，但是我们的生命还在。只要生命在，只要活着，一切都有可能。

有一个富翁，在一次大生意中亏光了所有的钱，并且欠下了债，他卖掉房子、汽车，还清了债务。

此刻，他孤独一人，无儿无女，穷困潦倒，唯有一只心爱的猎狗和一本书与他相依为命、相依相随。在一个大雪纷飞的夜晚，他来到一座荒僻的村庄，找到一个避风的茅棚。他看到里面有一盏油灯，于是用身上仅存的一根火柴点燃了油灯，拿出书来准备读书。但是一阵风忽然把灯吹灭了，四周漆黑一片。这位孤独的老人陷入了黑暗之中，对人生感到绝望，他甚至想到结束自己的生命。但是，立在身边的猎狗给了他一丝慰藉，他无奈地叹了一口气沉沉睡去。

第二天醒来，他忽然发现心爱的猎狗被人杀死在门外。抚摸着这只相依为命的猎狗，他突然决定要结束自己的生命，世间再没有什么值得留恋的了。于是，他最后扫视了一眼周围的一切。这时。他发现整个村庄都沉寂得可怕。他不由急步向前，啊，太可怕了，尸体，到处是尸体，一片狼藉。显然，这个村庄昨夜遭到了匪徒的洗劫，连一个活口也没留下来。

看到这可怕的场面，老人不由心念急转，啊！我是这里唯一幸存的人，我一定要坚强地活下去。此时，一轮红日冉冉升起，照得四周一片光亮，老人欣慰地想，我是这里唯一的幸存者，我没有理由不珍惜自己。虽然我失去了心爱的猎狗，但是，我得到了生命，这才是人生最宝贵的。

老人怀着坚定的信念，迎着灿烂的太阳又出发了。

人生总有失败和失意的时候，因为一时的失意就把自己逼上绝路，那么我们就再也没有成功的机会。事实上，如果我们能在失意甚至绝望的状态下赶走悲伤，那么我们将来的人生可能就是柳暗花明又一村。

哈佛大学戴维·克拉克教授曾经说过："当人的生命中充满了希望，当人生已经被阳光铺洒，生命之旅就会变成光明的路径，再也没有什么能让你感到害怕的了。"每当有学生遇到困难而退缩的时候，克拉克教授就鼓励他们：只要生命在，希望就在，永远都不要放弃希望。

在我们日常的生活和学习中，如果遇到失意或悲伤的事情时，我们要学会调整自己的心态。如果你的演讲、你的考试和你的愿望没有获得成功；如果你曾经尴尬；如果你曾经失足；如果你被训斥和谩骂，请不要耿耿于怀。对这些事念念不忘，不但于事无补，还会占据你的快乐时光。抛弃它们吧！把它们彻底赶出你的心灵。如果你曾经因为鲁莽而犯过错误；如果你被人咒骂；如果你的声誉遭到了毁坏，不要以为你永远得不到清白，要勇敢地走出失败的阴影！

走出阴影，沐浴在明媚的阳光中。不管过去的一切多么痛苦、多么顽固，把它们抛到九霄云外。不要让担忧、恐惧、焦虑和遗憾消耗你的精力。把你的精力投入对未来的创造中去吧！

让那担忧和焦虑、沉重和自私远离你；更要避免与愚蠢、虚假、错误、虚荣和肤浅为伍；还要勇敢地抵制使你失败的恶习和使你堕落的念头。之后你会发现，你人生的旅途是多么轻松、自由，你是多么自信！

要主宰自己，做自己的主人。沮丧的面容、苦闷的表情、恐惧的思想和焦虑的态度是你缺乏自制力的表现，是你不能控制环境的表现。它们是你的敌人，要把它们抛到脑后去。

请记住：即使再难，也不要对生命绝望，没有人会把你逼上绝路，堵死路的其实只有你自己。

失业背后藏着机会

没有谁的路永远是一马平川，有平坦大道必有荆棘小路，只有坚定地走下去，承受一切悲喜，才能到达幸福的终点，书写一次美好的旅程。而为他人所左右而失去自己方向的人将无法抵达属于自己的幸福彼岸。自己的路自己走，与人何干？谁能代替你走路吗？谁能代替你做决定吗？谁能站在你的立场、角度去看问题吗？答案当然是否定的。自己的人生要自己做主，自己的命运需要自己主宰。

人活着，就要走路，人生的路是自己走出来的，生命是我们自己决定的。人生最重要的是走出一条不一样的路，而不在乎它有多曲折。心有多大，舞台就有多大。如果一个人丝毫不存突破前人的气魄，那他的心只会囿于现有的视野，庸碌一生。

对所有人而言，失业必定是一锤重击。虽然失业的当下打击很大，但是，如果我们谨慎利用，其背后或许会出现相对的契机。

所罗门兄弟公司在 1982 年被菲布罗金融公司并购之前，曾是华尔街最大的投资银行之一。并购消息发布后不久，一名所罗门兄弟的合伙人和其他 62 名职员便被董事会宣布，全部因公司并购而遭开除。那天，这名遭到解雇的年轻银行家就此改变了自己的命运。

他就是迈克尔·彭博。他妥善利用遣散费，并卖掉了所罗门兄弟公司的持股，把资金投注在自己构思已久的一个创业计划上。在互联网络兴盛之前，货币与股票市场的金融消息不易取得，彭博的构想是建立一个电脑终端机的网络，让各金融机构能够通过网络即时获取需要的资讯。这个网络系统推出后立刻受到大家的欢迎，而自此之后的 30 年里，彭博的身价超过 40 亿美元。之后，他不仅涉足科技和传媒领域，甚至步入了政坛，成为纽约市市长。

有些人或许会说，彭博被裁员时，在财务上并没有出现危机，这个时候，他还没有走上绝路，完全可以凭借丰厚的资金来开启自己的梦想。但是成功不仅取决于资金的多少，它还取决于愿景、承诺、奉献与承担风险的决心。很多时候，失业所面临的不仅仅是金钱方面的问题，更多的是一种来自社会的压力。这种压力如果处理不当，很可能加重自我排斥感，甚至丧失个人尊严。不过，也有许多像迈克尔·彭博一样的人，懂得利用失业的经历重新评估自己的事业与人生，继而创造机会、重新开始。

一次错过，不代表永远出局

生活中有一种痛苦叫错过。人生中一些极美、极珍贵的东西，常常与我们失之交臂，我们总会因为错过美好而感到遗憾和痛苦，甚至有些人因为失去，就对生活感到绝望。

事实上，一次错过并不代表永远出局。有时候，错过了这个，我们接下来会有更大的意想不到的收获，就像有人说的：错过了花朵，我们或许还会收获果实。

美国的哈佛大学要在中国招一名学生，这名学生的所有费用由美国政府全额提供。初试结束了，有30名学生成为候选人。

考试结束后的第10天，是面试的日子。30名学生及其家长云集锦江饭店等待面试。当主考官劳伦斯·金出现在饭店的大厅时，一下子被大家围了起来，他们用流利的英语向他问候，有的甚至还迫不及待地向他做自我介绍。这时，只有一名学生，由于起身晚了一步，没来得及围上去，等他想接近主考官时，主考官的周围已经是水泄不通了，根本没有插空而入的可能。

于是他错过了接近主考官的大好机会，他觉得自己也许已经错过了机会，于是有些懊丧起来。正在这时，他看见一个异国女人有些落寞地站在大厅一角，目光茫然地望着窗外，他想：身在异国的她是不是遇到了什么麻烦，不知自己能不能帮上忙。于是他走过去，彬彬有礼地和她打招呼，然后向她做了自我介绍，然后他问道："夫人，您有什么需要我帮助的吗？"接下来两个人聊得非常投机。

后来这名学生被劳伦斯·金选中了，在30名候选人中，他的成绩并不是最好的，而且面试之前他错过了跟主考官套近乎、加深自己在主考官心目中印象的最佳机会，他却无心插柳柳成荫。原来，那位异国女子是劳伦斯·金的夫人，这件事曾经引起很多人的震动：原来错过了美丽，收获的并不一定是遗憾，有时甚至可能是圆满。

因此，在你感觉到人生处于最困顿的时刻，也不要为错过而惋惜。失去有时会带给你意想不到的收获。花朵虽美，但毕竟有凋谢的一天，请不要再对落花长叹了。因为可能在接下来的时间里，你将收获果实。

我们有足够的能量去应对困难

每个人的生命旅途都不会一帆风顺。有些事情是你愿意接受的，比如说对梦想的追求，对真挚感情的热切期盼；而有些事情是你不愿意承受的，比如说突患疾病、遭遇变故。当这些事情来临，有些人寻死觅活，一蹶不振；也有些人坚强面对，熬过苦楚，迎来美好的明天。

托举，跳跃，飞翔……在广州残运会开幕式演出中，失去右臂的马丽和失去左腿的翟孝伟演绎的舞蹈《飞翔》让人震撼。在 4 米见方的流动舞台上，两个残疾舞者诠释了生命的伟大和坚强。

翟孝伟出生在河南濮阳市高新区疙瘩庙村，一直到 4 岁，他都和其他小伙伴一样，是一个无忧无虑的小男孩。4 岁那年，他经受了一生中最大的一次打击。

那天，4 岁的翟孝伟在大街上玩，看见一辆拉石灰的拖拉机，他试着爬了上去，突然就从上面掉了下来，一条腿卷进了车轮。7 天后，医生告诉他父亲，要保住孩子的生命，就必须截肢。

父亲问他："孩子，你知道把腿截了是什么概念吗？"翟孝伟说不知道。父亲就告诉他，把腿截了，以后的生活会特别难。翟孝伟对挫折和困难也不理解，就问父亲挫折和困难好吃不好吃，父亲流着泪说挺好吃的，但是不能一口吃下去，要一个一个来。

一晃到了13岁，翟孝伟开始意识到残疾对自己的影响。当别人嘲笑他时，当他遇到烦心事时，他总会想起父亲那句话：挫折和痛苦虽然好吃，但要一个一个吃。初中毕业后，翟孝伟开始找工作，但去了很多地方，得到的都是拒绝。翟孝伟没有气馁，之后，他在威海的一家网吧找到他人生中的第一份工作。2005年，翟孝伟回到河南，成了一名残疾运动员，主攻自行车。

如果不是遇到马丽，翟孝伟这辈子都可能只是一名好的残疾人运动员，而因为遇到了马丽，他的人生轨迹开始往另一个方向转变。

马丽出生在驻马店，在一次车祸中失去了一只手臂。但她靠着顽强的毅力，成为一名优秀的舞蹈演员。2005年，也就是翟孝伟成为自行车运动员的那一年，在第六届全国残疾人艺术会演中，马丽的参赛作品《牵手》获得金奖。而这一年的9月26日，他俩的手也牵到了一起。

他俩相遇在康复中心。在擦肩而过的那一刹那，马丽看到了一个大男孩。她上去拍了翟孝伟一下，问他叫什么名字，又问他喜不喜欢跳舞，然后给了翟孝伟两张票。

就这样，在马丽的熏陶下，2005年底，翟孝伟开始跟马丽学习舞蹈。经过一年多的艰苦训练，他俩逐渐产生默契，开始排练舞蹈

《牵手》。没有正规的排练场地，他们冬天就在家里练，夏天就跑到公园里练，为了做到完美，他们自己也不知道摔了多少次跤。

2007年4月20日，在第四届中央电视台电视舞蹈大赛总决赛上，他们一曲《牵手》的双人舞震撼人心，让无数观众为之动容，获得群众创作舞蹈类银奖。人们给予了马丽和翟孝伟最高的评价——他们表演的已经不仅仅是一个舞蹈，更是演绎出了一种人类需要共同呼唤的爱、勇气以及对生命的尊重。

在2010年中国达人秀总决赛的舞台上，马丽和翟孝伟再一次用他们动人的舞蹈《蝶之恋》让观众深感震撼，那最后化蝶而飞的场景令人久久不能忘怀。马丽说他们的舞蹈《蝶之恋》表现的是一只生来羽翼残缺的蝴蝶如何破茧而出，遇到另一只同样际遇的蝴蝶后共同飞翔的故事。可以说，是舞蹈记录了她和翟孝伟的人生。翟孝伟也再次强调了他们对艺术的执着："如果要博同情的话，我们完全可以表现那种挣扎的痛苦，但是我们展现了飞翔。我们希望我们的舞蹈是美的，我们最大的目标就是用舞蹈展现美，而让大家忽略我们的残疾！"

正是这些不屈的生命让我们看到，人类是如此伟大，生命是如此顽强。生命的过程就是这样无常，而生命的精彩就在于此，你不会知道，什么时候生命中会突然出现转机，你也永远不知道，生命会以什么样的姿态呈现它斑斓的色彩，但是有一点，我们完全可以确信，我们每一个人都有足够的能量去克服一切困难，去战胜一切挫折。

第三章

逆商与自控力：
成功的人不生气

第一节

扭转导致愤怒的错误思维

放弃你的苛刻要求

"吹毛求疵"的意思是故意挑毛病，寻找差错。这一癖好不但会使别人疏远你，它也会使你感觉很糟糕。它鼓励你去考虑每件事和某个人的不当之处——你不喜欢的地方。所以，"吹毛求疵"不是使我们欣赏生活，而是鼓动我们认为生活并不尽如人意，没有什么是尽善尽美的。

在我们的人际关系中，吹毛求疵的典型表现是这样的：你遇到某人且他一切都好，你被他的外表、个性、智慧、幽默感或这些品质的某种结合所吸引。开始时，你不但赞同此人与你的不同之处，甚至会被这个人所吸引。然而，过了一段时间，你开始注意到你的新搭档有些小缺陷，你认为应该能够有所改善。你使他注意到这一点，这时你也许会说："你知道，你确实有迟到的倾向。""我已注意到你不大爱看书。"关键是，你已开始不可避免地转入一种生活方式——寻找和考虑他身上你不喜欢的地方，或不十分正确的地方。

斯蒂夫不是个引人注目的人。他本可以悠闲自在、安安静静地生活，然而他偏要一刻不停地向人"介绍"自己。当斯蒂夫说约翰长得太高时，同事仔细地看了看斯蒂夫。虽然他们是抬头不见低头见的老相识，同事却突然发现，斯蒂夫实在太矮。

当斯蒂夫讲丹妮的眼睛看着让人恶心时，同事才注意了斯蒂夫的眼睛，并拿他的眼睛和丹妮的眼睛做了对比。相比之下，原来丹妮的眼睛是那么清澈、那么明亮。

斯蒂夫说史密斯有个难看的塌鼻子，却没有注意到他自己脸上的肉团也不怎么样。

斯蒂夫讲丹弗尔是"豁牙啃西瓜"，却忘了他自己的门牙间那条开阔的"巴拿马运河"。

爱丽斯说兰迪风骚，裙子太短，衣服太露。同事了解到，那是因为爱丽斯没有兰迪那种风韵。爱丽斯曾在镜子前研究了自己的体形，不得已换上了一条尽可能把自己遮盖严实的连衣裙。

鲍勃说鲁道夫命苦，整天忙碌，却不知道他活得多么幸福。他有爱，有妻子、有儿女、有工作，他怎能不忙碌？但他不怕忙碌，而且乐于忙碌。

马力说海伦……

噢，生活中有多少人在用挑剔的眼光批评别人！

是的，他五音不全，可他哼的小调，却充满了快乐的精神。

是的，她长得不算好看，可真挚的微笑使她很动人。

是的，她已年近半百，可她童心未泯。

是的，他思维不够敏捷，可他从不算计别人。

你能说他们不美吗？

你看见小草绿了，杨柳树吐芽了吗？你注意到涓涓小溪悠悠流动了吗？

你会因为秋天的萧条、冬日的寒冷而说这两个季节不好吗？除非你不曾踏过落叶、赏过雪景。

夕阳射出一抹金光，留在绿茸茸的草坪上；海风抚摸着大海；蓝天亲吻着大地；太阳依旧东升西落，星星依然闪烁在夜空。

宇宙依然这么壮丽。你为什么看不到这一切，只在别人身上吹毛求疵、寻找缺陷呢？

无论你是否对你的人际关系或生活的某些方面吹毛求疵，你所需要去做的只是将吹毛求疵当成一个坏习惯改掉。当这个习惯偷偷侵入你的思想，你要及时管住自己并封上你的嘴，你越不常去挑剔你的伙伴或朋友，你就越能体会到你的生活确实十分美好。

变通一下，放弃你的苛刻和吹毛求疵，试着用欣赏的眼光看待同事和朋友，你就会从他们身上找到很多优点。

愤怒时不要做任何决定

一个人如果在愤怒的时候做出决定，那么他做出的决定一般是错误的，这样一来，他会更加愤怒，甚至开始悔恨，而他自己也只能生活在由愤怒继续引发愤怒的恶性循环中，所以，为了避免让自己日后更后悔，在愤怒的时候，千万不要做任何决定。

有一次，成吉思汗带着一群人出去打猎。他们一大早便出发了，可是到了中午仍没有任何收获，只好意兴阑珊地返回帐篷。成吉思汗心有不甘，便又带着皮袋、弓箭以及心爱的飞鹰，独自一人走到山上。

烈日当空，他沿着羊肠小道向山上走去，一直走了很长时间，口渴的感觉越来越重，但他找不到任何水源。良久，他来到了一个山谷，见有细水从上面一滴一滴地流下来。成吉思汗非常高兴，就从皮袋里取出一只金杯子，耐着性子用杯子去接一滴一滴流下来的水。当水接到七八分满时，他高兴地把杯子拿到嘴边，想把水喝下去。就在这时，一股疾风猛然把杯子从他手里打落在地。

将到口边的水弄洒了，成吉思汗不禁又急又怒。他抬头看见自己的爱鹰在头顶上盘旋，才知道是它捣的鬼。尽管他非常生气，却又无可奈何，只好拿起杯子重新接水喝。当水再次接到七八分满时，又有一股疾风把水杯弄翻了。又是他的爱鹰干的好事！成吉思汗顿生报复心："好！你这只老鹰既然不识好歹，专给我找麻烦，那我就好好整治一下你这家伙！"

于是，成吉思汗一声不响地拾起水杯，再从头接着一滴滴的水。当水接到七八分满时，他悄悄取出尖刀，拿在手中，然后把杯子慢慢地移近嘴边。老鹰再次向他飞来，成吉思汗迅速拿出尖刀，把鹰杀死了。

不过，由于他的注意力过分集中在杀死老鹰上面，却疏忽了手中的杯子，因此杯子掉进了山谷。成吉思汗无法再接水喝了，他转念想到：既然有水从山上滴下来，那么上面也许有蓄水的地方，很可能是湖泊或山泉。于是他用力向上爬。他终于攀上了山顶，发现那里果然有一个蓄水的池塘。

成吉思汗兴奋极了，立即弯下身子想要喝个饱。忽然，他看见池边有一条大毒蛇的尸体，才恍然大悟："原来飞鹰救了我一命，正因它刚才屡屡打翻我的杯子，才使我没有喝下被毒蛇污染了的水。"

成吉思汗在盛怒之下杀死了心爱的飞鹰，他在明白了事情的真相后追悔莫及。如果他能忍住一时的怒气……但是没有如果，事情发生了就要承受结果，正如世上没有后悔药，所以在考虑好后果前，不要在盛怒中做决定。

愤怒会让人失去理智。做任何事我们的思路都要清晰，但总有一些不顺利甚至让人无法接受的事情发生，这时候，愤怒会不期而至，而愤怒恰恰是冷静思考的天敌。所以，我们必须学会制怒，在怒气爆发之前利用自我的控制力，在内心将这种恶性的情绪转移到良性的轨道上来。

不要将痛苦和压抑毫无理性地释放

暴躁是在一种特殊情况下，将痛苦和压抑毫无理性地释放。暴躁的人听不得不顺耳的话，更不会应对不如意的事。一旦听见不顺耳的话或者是遇上不如意的事情，他们的火就会不加克制地喷发。

脾气暴躁，经常发火，不仅会诱发心脏病，而且会增加患其他病的可能性，它是一种典型的慢性自杀。因此，为了确保自己的身心健康，必须学会控制自己，克服爱发脾气的坏毛病。

暴躁就像一颗炸弹，一旦爆炸，不仅会炸伤自己，还会伤害他人。因此，改变暴躁的性格，让自己心态平和，是十分必要的。

下面的几条措施将帮助你完成这一心理、生理的转变，使你的性格臻于完善。

★保持头脑清醒并寻找别人支持

当愤愤不平的情绪在你脑海中翻腾时，要立刻提醒自己保持理性，同时请求你的配偶或者亲朋好友提醒，帮助你改掉暴躁的毛病。

★换位思维

把自己摆到别人的位置上，也许就容易理解对方的观点与举动。大多数场合，一旦将心比心，你的满腔怒气就会烟消云散，至少觉得没有理由迁怒于人。

★诙谐自嘲

在那种很可能一触即发的危险关头，你还可以用自嘲让自己从多疑的性情中解脱出来。"我怎么啦？像个 3 岁小孩，这么小肚鸡肠！"幽默是抖落猜疑的尘埃、改掉发脾气毛病的最好方法。

★反应得体

受到不公正的对待时，任何正常的人都会怒火中烧。但是，无论发生了什么事，都不可放肆地大骂，而该心平气和、不抱成见地让对方明白，他的言行错在哪儿、为何错了。这种办法给对方提供了一个机会——在不受伤害的情况下改正错误。

★贵在宽容

学会宽容，放弃怨恨和报复，你就会发现，愤怒的包袱已从双肩卸下来了。

愤怒往往是因为思绪控制了行为

现实生活中，有的人很容易发怒，一件芝麻大的小事可能会令其大发雷霆，周围的人常常为其定性为"臭脾气"。

或许这些人本质并不坏，甚至还可能非常善良、热心，但往往因为他们这种易怒的"臭脾气"很伤朋友之间的感情，于是在人际交往中越来越孤立。

从前，有个爱乱发火、脾气很坏的小男孩，他的父亲为了使儿子改掉这个坏毛病，决定教育教育他。一天，他给小男孩儿一大包钉子，让他每发一次脾气，就用锤子在他家后院的栅栏上钉上一颗钉子。第一天，小男孩发了38次脾气，在栅栏上就钉了38颗钉子。

过了几个星期，由于学会了控制自己的愤怒，小男孩每天在栅栏上钉钉子的数目逐渐减少。慢慢地，他发现控制自己的坏脾气比往栅栏上钉钉子要容易得多……最后，小男孩终于改变了，变得不爱发脾气了。他把自己的变化和感受告诉了父亲。父亲建议他说："如果你能坚持一整天不发脾气，就从栅栏上拔下一颗钉子。"几个月过去了，小男孩终于把栅栏上所有的钉子都拔掉了。

这一天，父亲拉着他的手来到栅栏边，对小男孩说："儿子，你按我说的话做得很好。但是，你看一看那些钉子在栅栏上留下的那些小眼，栅栏再也不会恢复原来的样子了。当你向别人发脾气的时候，你的言语就像钉子一样，在别人的心中留下难以愈合的疤痕。以后不管你怎么挽救，伤害永远存在。你要记住，要想不给别人带来伤害，唯一的办法就是控制自己的脾气，不要轻易向别人发火，学会帮助别人，你才会有越来越多的朋友。"

其实，我们就像故事中的小男孩，对别人发牢骚、使性子，全然不顾别人的感受。恶语伤人与向别人投匕首没什么两样，如果任由不良情绪支配，就会成为情绪的奴隶，并吞下因恶劣情绪所造成的恶果。"动心忍性"，能够"增益其所不能"，成大事者必能宠辱不惊、心态平和，赢得别人的尊重和信任。所以，无论你是伟人还是普通人，能够时刻控制好自己的情绪，就能够收获最大的快乐。

有位哲人说过，愤怒是腐蚀生活的毒药。谁都有不顺心的时候，这是人之常情，但是，我们必须学会控制情绪。生活和事业上的成功，往往在很大程度上依赖于情绪的控制和严格的自我约束。弱者任思绪控制行为，遇到问题便失去理智，大动肝火，往往影响人际交往。相反，强者能让行为控制思绪，懂得克制自己，不会乱发脾气，朋友当然也越来越多。

第二节

让你心平气和的四种技巧

生气就说出来，不间接表达

我们经常提醒自己要控制自己的情绪，但是据心理学家研究，要保持我们的心理健康就必须学会适度宣泄。

宣泄就是吐露心中的积郁，让自己尽情吐露自己的牢骚和怨恨等不快情绪，从而达到心理平衡。适度的宣泄对我们的生理和心理都有好处。如果一个人心中的不快长期得不到宣泄，就会出现精神不振、人际关系紧张等情况，严重时还会给家庭带来危害。

张明山是一个中学老师，他曾遇到一件奇特而又有点可笑的事。那天晚上，他已经快睡着了，突然接到一个陌生妇女打来的电话，对方的第一句话就是"我恨透他了"。"他是谁？"张明山奇怪地问。"他是我的丈夫！"张明山想，噢，原来她打错电话了，就礼貌地告诉她："你打错电话了。"然而，这个女人好像没听见似的，继续说个不停："我一天到晚照顾孩子和生病的老人，他还以为我在家里享福。有时候，我想出去散散心他都不让，而他自己天天晚上出去，说是有应酬，谁会相信……"尽管这中间张明山一再打断她的话，告诉她，他并不认识她，可她还是坚持把话说完了。最后，她对张明山说："您当然不认识我，可是这些话已被我压了很久，现在我终于说出来了，舒服多了。谢谢您，打扰您了。"

这个女人因为积压了过多的焦虑，已经到了非发泄不可的程度。为了自己的心理健康，她只好急不择人，随便找人发泄一气了。无疑，张明山的倾听让她暂时得到了情绪的缓解。

每个人的一生都会产生数不清的意愿、情绪，但最终能实现、能满足的并不多。一旦这样的情绪和意愿被压制，就会产生一种心理上的能量，这种能量只有通过其他的途径才能释放出去，它自身不会丝毫地减少，这就好像物理学中的"能量守恒定律"，即使你在压抑、克制阶段意识不到它的存在，也只说明它从"显意识层"，转移到了"潜意识层"，对你的影响仍然存在，而且一直在找机会真正发泄出去。

王军是某机关副处长，与处长关系处理得很不好，工作起来不愉快，想换其他部门又不可能，是继续与处长对抗还是妥协，或寻求和解？王军觉得自己根本找不到办法，就开始逃避。平时对工作上的事情不表态、不提建议，进行消极对抗。烟酒不沾的他开始喝酒，业务上不求上进，喜欢回家看电视。因为不知如何处理与上司的人际关系，王军长期失眠，情绪焦虑，胃口不好，常在家中发脾气，甚至迁怒于妻儿。对此，他非常苦恼。

情绪就像大水，你不让它发出去，就像往水库里蓄水，只能越涨越高，在心理上形成了一个强大的压力，这势必造成精神忧郁、孤独、苦闷。如果这股洪水累积到一定程度，就要冲破心理的堤坝，使人出现变态的行为，甚至导致精神失常。对于这样的情绪，最好的办法是疏导，把它们发泄出来，而不是堵塞。因为堵塞只是暂时的，达到一定程度就会造成"决堤"，那时情况失控，就更严重了。

正视所有的情绪

我们的情绪包括许多方面：高兴、紧张、恼怒、胆怯……当然，也包括愤怒。

与好的情绪相比，我们要想让自己心平气和，更要正视自己的负面情绪。

很多人总是否定自己的负面情绪，可事实上，这些负面情绪并不会因为我们的否认而消失，只会在潜意识中隐匿起来，悄悄影响我们对自己的认同感。越是负面情绪越要承认，因为只有承认它们，我们才能战胜它们。

如果我们故意忽视负面情绪的存在，它们就会尽量唤起我们的注意，当我们的注意力稍微松懈的时候，它们就立即从潜意识里重新浮现出来。为了压制它们，我们需要付出更多的精力，而这种付出完全没有意义。

诗人罗伯特·布莱把负面情绪形容为"每个人背上负着的隐形包裹"。布莱认为，在生命的前几十年里，我们总是努力想把包裹装满，而在生命的后几十年里，又会努力把包裹清空，减轻肩上的负担。

大多数人对自己的负面情绪感到恐惧，不愿正面面对，殊不知，只有正视这些负面情绪，我们才能找回完整的自我，才能获得真正充实幸福的生活。

在生活中，总有人对我们说，不要心存报复，不要生气，不要紧张……越是这样，我们越觉得自己一定是个缺点多多的人。于是，我们努力地压制这些负面的东西，但在压制负面情绪的同时，我们也压制了与它们对立的那些积极因素。就像我们感觉不到自己的美，因为我们花了太多的精力掩饰自己的丑。

我们花了太多的精力来掩饰这些负面情绪，所以对于那些不小心把缺点暴露出来的人总是十分鄙夷。我们变得越来越愤世嫉俗。

带着这种愤懑，很多人越来越觉得上天不公。因为出生在错误的家庭，遇见了错误的朋友，生活在错误的地方，去了错误的学校念书……

就这样，我们掉进了"如果"的陷阱——"如果……我就可以……"可是，假设再多，也丝毫不能解决问题。

现代社会经常会给人一种假象，似乎只有完美的人才能得到幸福。许多人在追求完美的过程中损失惨重，却总是难以如愿。为了装出一副完美的样子，他们的身体、精神和心灵都承担着重压。

一位医生曾这样描述自己的病人：我遇到过许多被病痛、失眠、抑郁症和人际关系问题所困扰的人，这些人从表面上看来都很完美——从不对别人发脾气，甚至祈祷也是为了别人。其中的一些人患上了癌症，却不知道为什么，他们只是一个劲儿地抱怨上天不公，其实，这些人并不是没有愤怒，只是这些东西受压制太严重，在他们的潜意识里隐藏得太深，以至他们自己和别人都无法意识到其存在。他们从小接受的教育要求他们先人后己、无私奉献，因为"这才是好人应该做的"。结果，在努力做好人的同时，他们逐渐丧失了完整的自我。对于这些人来说，最重要的是从这种状况中解脱出来，重新认清自己。他们需要学会原谅自己，允许自己在适当的时候表现出愤怒，因为只有这样，他们才能建立起真正的自尊和自爱。

我们之所以要正视这些负面情绪，为的是找回完整的自我，结束生活中的痛苦，让自己不再欺骗自己，让自己变得平静。

把工作当成信仰

经常做祷告，可以让人保持心平气和。这里的祷告实际上代表了一种信仰。也就是说，有信仰更容易让人塑造一颗平和的心。

举个简单的例子，我们生命的三分之一都是在工作中度过的，如果我们能把工作当成一种信仰，拿出做祷告的虔诚精神去对待工作，那么，工作对我们而言就不再是负担，而是彻底的享受。

任何一项事业的背后，都需要一种无形的精神力量作为支撑。这种精神就是要像信仰神祇一样信仰职业，像热爱生命一样热爱工作。敬业是职业人士的基本要求，而乐业就属于境界问题了。

工作中，无论是学习还是进德修业，都有三种不同的境界：一是知道。这一境界偏重于理性，对象外在于己，你是你，我是我，往往失之交臂，不能把握自如。二是喜好。这一境界触及情感，发生兴趣。就像一位熟识的友人，又如他乡遇故知，油然而生亲切之感，但依然是外在于我，相交虽融融，物我两相知。三是乐在其中。这种境界用一个最恰如其分的词语来形容，就是陶醉。陶醉于其中，以它为赏心乐事，就像亲密爱人一样，达到物我两忘、合二为一的境界。这是人生最理想的一种生存状态。达到这种状态，工作就是乐趣的源泉，我们的心灵就很容易沉静下来，做起事来就也会积极主动，并从中体会到快乐，从而获得更多的经验，取得更大的成就。

世上最幸福的人莫过于把自己的爱好当工作的人，因为这样的人，工作对他来说不是苦役，而是欢乐的源泉。在他心目中几乎没有"工作"这个概念，对他而言，时刻都潜心静气，享受着创造的自由和快感，享受着审美的喜悦和激情，毫无约束和勉强之感，他的心中只有神圣的概念：事业和使命！把爱好当工作的人之幸福还在于，如果他能取得成功的话，他可以享受成果；如果他不能取得成功的话，他可以享受过程。如果你想对自己的终生幸福负责任，就要把自己的爱好和特长当作终生职业，这样你将来的事业就可以无忧了，因为人们在自己最喜爱、最擅长的领域里最容易取得成功。并且，在你取得成功之前，你还可以享受充满乐趣的奋斗过程！

当我们在做自己喜欢的事情时，很少感到疲倦，很多人都有这种感觉。比如，假日到湖边去钓鱼，整整在湖边坐了 10 个小时你都不觉得累，为什么？因为钓鱼是你的兴趣所在，从钓鱼中你享受到了快乐。产生疲倦的主要原因是对生活厌倦，是对某项工作特别厌烦。这种心理上的疲倦感往往比肉体上的体力消耗更让人难以支撑。一个心理学家曾经做过这样一个实验：他把 18 名学生分成两个小组，每组 9 人，让一组的学生从事他们感兴趣的工作，另一组的学生从事他们不感兴趣的工作。没有多长时间，从事自己不感兴趣的工作的那组学生就开始出现小动作，开始抱怨头痛、背痛；而另一组学生却干得很起劲。这个实验告诉人们，人疲倦往往不是工作本身造成的，而是因为工作乏味、内心焦虑和挫折感引起的，它消磨了人对工作的活力与干劲，让人空虚浮躁，无法将心神融入工作中。

须知，工作是一种需要全身心参与的艺术。没有人能够一辈子被人养着，不劳动却能锦衣玉食；即使能够这样，这种寄生虫式的生活也不会让他得到多少快乐和满足，成就感更无从谈起。只有真正投身工作，体验到自己工作的乐趣，才能一生充满快乐和充实感，才能真正体验到生活的意义所在。

感恩是最好的减压方式

假如将全世界的人口压缩成一个100人的村庄，那么这个村庄将有：57名亚洲人，21名欧洲人，14名美洲人和大洋洲人，8名非洲人；52名女人和48名男人；30名基督教徒和70名非基督教徒。6人拥有全村财富的89％，而这6人均来自美国；80人住房条件不好，70人为文盲，50人营养不良，1人正在死亡，1人正在出生，1人拥有电脑，1人拥有大学文凭……

现在，当你看完这样的调查报告后，是不是会有所触动呢？我们不是文盲，没有营养不良，甚至拥有电脑和舒适的住房。原来，我们的生活并没有想象中的那么糟糕。我们整天哀叹、抱怨的"苦日子"放在更大的时空里，竟然是很多人的渴求。原来，这就是幸福的味道。

如果我们以另一种眼光来衡量世界，或许这种感受将更加强烈。

"如果今天早晨起床时身体健康，没有疾病，那么我们比世界上其他几千万人都幸运，他们有的人甚至因为疾病和灾难而看不到下周的太阳；如果我们的生命中，没有经历过战争的危险、牢狱的孤独、酷刑的折磨和饥饿的煎熬，那么我们的处境比其他5亿人要好；如果我们的冰箱里有可口的食物，身上有漂亮的衣服，有床可睡，有房可住，那么我们比世界上75%的人都富有；如果我们在银行有存款，钱包里又有现钞，口袋里也有零钱，那么我们已经成为世界上8%最幸运的人。此时，如果我们父母双全、没有离异，那我们就是很稀有的幸运的地球人；如果读了以上的文字，我们能够理解、能够明白、能够体会到自己的幸运和快乐，说明我们已不属于21亿文盲中的一员，他们每天都在为不识字而痛苦……"

当这些温暖的文字不断地映入人们的眼中，很多人涌出了热泪。原来，幸福不在别处，就是我们的手中。我们拥有很多人羡慕的工作、事业与家庭；拥有健康、阳光与和平；我们拥有人世间最真挚的亲情、爱情与友情……就像很多时候我们常常会手里拿着东西却满屋子去找一样，我们握着自己的幸福而不自知。

我们为"得不到"而忧虑，为"已失去"而懊恼，却忽略了我们手中已经拥有的幸福。因为我们几乎忘记了一件很重要的事：感恩。

感恩是最好的减压方式。它能够让我们明白活在当下的分分秒秒是一种莫大的幸福。从历史的延续性上来看，无论是我们的物质技术还是文化传统，主要是继承前人的成果。而就活在当下来讲，我们每个人的生活也都依赖他人的提供，包括衣食住行、柴米油盐。我们在获得每一粒米、每一件衣服的时候，都应该存着这样的感恩之心。

感谢赐给我们生命的父母；感谢给了我们人间欢乐的爱人和朋友；感谢人类用鲜血换来的和平与稳定；感谢日新月异的科技帮助我们更好地改造生活……还要感谢阳光、雨露的滋养，感谢土地对我们生生不息的孕育。

是的，当很多人抱怨生活的不完美时，却不知道有人还过着更糟糕的生活。就像有的人抱怨自己没有鞋穿的时候，他们没有看到有的人还没有脚。我们不要通过与别人的比较来获得幸福，应该珍惜我们现在的拥有。

请好好珍惜，学会以感恩之心来面对生活的赐予，并相信我们的生活正在以最好的方式徐徐展开。

第三节

寻找解决问题的新方法

发怒不是面对困难的唯一选择

过去，人们会为了吃不饱、穿不暖而发愁。现在我们很少会为衣食而忧愁，让我们不快乐的，只有自己。愚蠢的人会深陷怒火不能自拔；而聪慧的人会巧妙地化解怒火，不让嗔怒之火烧伤自己。

有位妇人经常为一些琐碎的小事生气，她也知道这样不好，便去求一位高僧为自己谈禅说道，开阔心胸。

高僧听了她的讲述，一言不发，把她领到一座禅房中，上锁而去。妇人气得跳脚大骂。骂了许久，高僧也不理会。妇人转而开始哀求，高僧仍不听。妇人终于沉默了。高僧来到门外，问她："你还生气吗？"

妇人说："我只为我自己生气，我怎么会到这个地方来受罪呢？"

"连自己都不能原谅的人，怎么能心如止水？"高僧拂袖而去。

过了一会儿，高僧回来了，又问她："还生气吗？"

"不生气了。"妇人说。

"为什么？"

"生气也没有办法呀！"

"你的气并没有消，还压在心里，爆发后，将会更加剧烈。"高僧又离开了。

高僧第三次来到门前，妇人告诉他："我不生气了，因为不值得生气。"

"还知道不值得，可见心里还有衡量的标准，还是有'气根'。"高僧笑道。

当高僧的身影迎着夕阳立在门口时，妇人问他："大师，什么是气？"

高僧将手中的茶水倾洒到地上。

妇人看了一会儿，突然有所感悟。于是，她叩谢而去。

这位妇人之前总以为嗔怒是多么难以克制的事情，殊不知怒气因事而生，只要用一颗宽容、豁达的心去面对世间的人与事，那么生活中就会除却很多烦恼，怒火将消灭于无形。

其实很多时候，发怒不是面对困难的唯一选择，发怒对于解决问题没有任何帮助，只能火上浇油，使事情变得更糟糕。如果换一种淡定的心态或者换一种更好的方法去解决问题，反而能收到更好的成效。

著名音乐家李叔同在教音乐课时遇到过这种情况：

学生们上课偶有出格之举，有一个人上音乐课时不唱歌而看别的书，并随地吐痰。他以为老师看不见，其实老师都知道，但是他并不立刻责备。

下课后，李叔同用很轻而严肃的声音郑重地对他说："请你等一等再出去。"等到别的同学都出去了，教室里就剩下他们师生二人，李叔同再次用他那轻而严肃的声音向这位同学和气地说："下次上课时不要看别的书，痰不要吐在地板上。"说完之后，他还会微微一鞠躬，表示"你出去罢"。

被教育的学生心悦诚服。

对于学生上课出格的行为，李叔同并没有发怒，而是在课后找捣乱的学生心平气和地谈话。这招确实管用，比在课堂上发作效果好多了。

嗔怒是一把伤人的利刃，刀刃朝向的是你自己。所以做人不要为嗔怒之火纠缠，要学会宽容和从容。

停止生气，用"给予"代替"怒气"

当别人让我们不高兴时，很多人的第一反应就是生气：你凭什么让让我不高兴啊，我得报复，让你也不高兴。事实上，这种报复的行为不仅会伤害别人，更会伤害自己，到最后，只能让人际关系越来越差。

可如果变换一种方法呢？比如，当别人惹你生气时，你却依然给予别人相应的尊重，甚至比以前更爱别人、更尊重别人，你会收获意想不到的惊喜。

有一个名叫雪的女孩出嫁了，跟丈夫和婆婆住在一起。婚后极短的时间内，雪就发现她根本无法与婆婆相处。她们的性格有天壤之别，雪经常被婆婆的一些习惯搞得很生气。不仅如此，婆婆还不断地苛责雪。

日子一天一天地过去。雪和她的婆婆没有一天能停止吵闹和争斗。更糟的是，迫于舆论压力，雪不得不向她的婆婆"俯首称臣"，时时处处听命于婆婆。天长日久，雪所有的愤怒和不快越积越多，雪的丈夫夹在当中也痛苦不堪。

最终，雪再也受不了婆婆的坏脾气和颐指气使。她决定不能再这样忍气吞声下去了，她必须救自己。

于是雪去找她父亲的一位朋友，卖中药的郑先生。她将自己的处境告诉了他，并问他是否可以给她一些毒药，这样她就能一了百了，把所有的问题都解决掉。郑先生想了一会儿，最后说："我可以帮你解决这个问题，但你必须听我的话，按照我讲的去做。"雪说："好的，我会遵照你说的每一个字去做。"郑先生进了里屋。几分钟过后，他从里面出来，拿着一包草药。他告诉雪："你不能用见效快的毒药除掉你婆婆，因为那样会让人怀疑到你。因此，我给你的几种中药是慢性的，毒性将会在你婆婆体内慢慢起效。你最好天天都给她做饭，并放少量的毒药在她的菜里面。还有，为了让别人在她死的时候不至于怀疑你，你必须对她恭恭敬敬，如履薄冰。不要同她争吵，对她言听计从，对待她像对待亲生母亲一样。"

雪答应了。她谢过郑先生，急急赶回家，开始实施她谋杀婆婆的计划。

几个星期过去了，几个月过去了，每一天，雪都精心烹制有"毒药"的饭菜伺候婆婆。她记得郑先生说过的话，因此控制住自己的脾气，服从她的婆婆，对待她像对待自己的亲生母亲一样，就这样半年过去，整个家都变了样。雪将自己的情绪控制得很好，她甚至发现自己几乎不会动怒，更不会像以前那样被婆婆的言行气得发疯。半年里她没有跟婆婆发生过一次争执，婆婆在她的眼中，也比以前和善得多、容易相处得多了。

婆婆对雪的态度也改变了，她开始像疼爱自己的女儿一样疼爱雪。婆婆不住地向邻里街坊和亲戚朋友夸雪，说她是天底下最好的儿媳妇。雪和婆婆真的像亲母女一样和睦相处了，看到这一切，雪的丈夫由衷地高兴。

一天，雪又去见郑先生，再次寻求他的帮助。她说："郑先生，请帮我制止那些毒药的毒性，别让它们杀死我的婆婆！她已经变成一个好女人，我爱她像爱自己的母亲一样。我不想她因为我下的毒药而死。"

郑先生颔首微笑："你尽管放心好了，我从来没给你什么毒药，我给你的药只不过是些滋补身体的草药，那只会增进她的健康。其实，唯一的毒药在你的心里，在你对待她的态度里。值得庆幸的是，那些毒药已经被你给她的爱冲洗得无影无踪了。"

事实就是如此，在家庭生活中，只要你肯多付出一点，多给予家人一份关爱，幸福就会来到你的身边。

你给予家人的幸福和快乐越多，你自己得到的幸福和快乐也就越多；反之，一遇上家人对自己的苛责，就生气甚至产生怨恨，那么你得到的快乐就越少。春播秋收，春华秋实，一分耕耘一分收获，让我们都来选择用爱来对待别人吧，我们将得到双倍的收获。

谅解才是痛苦的止损点

纵观各种人的痛苦，我们不难发现，很多时候，痛苦是自己对自己的束缚，如果我们能解开心结，与世界和解，我们就会发现原来人生并不注定是悲观的。

如果你谅解他人，他人则不会给你带来痛苦；如果你谅解自己，自己也不会因情绪的纠结而痛苦；如果你用谅解的目光看生活中的一切，一切都不会给你带来痛苦。谅解是痛苦的止损点，你什么时候学了谅解，也就远离了痛苦。

在我国历史上，以少胜多的著名战例屡见不鲜，官渡之战就是其中之一。当时曹操仅有七万兵力，袁绍却有七十多万兵力，实力相差悬殊。为了避其锋芒，曹操采纳智者的谋略出奇兵火烧了袁绍的粮草重地，把袁绍打得落花流水。

由于仓皇出逃，袁绍竟没有来得及处理那些重要密件，密件全部落入曹操手中，其中还有曹操手下一些将领因惧怕袁绍强大而暗中写给袁绍的密信。许多人建议曹操把那些写密信的人全部杀掉，以除后患。曹操却说："大兵压境，袁绍那样强大，就连我也曾动摇过，不能坚定自己的意志，何况他人？"他下令把所有的密信当众烧掉了。

正当那些写密信的人心惊胆战地等待处罚时，没料到曹操竟如此宽宏大量，不但没有治罪于他们，还把他们通敌的证据全部烧毁。这件事让他们从内心深处对曹操感恩戴德，从此便死心塌地地为曹操卖命。一些敌对势力的谋臣勇将听说曹操如此大度不计前嫌，也都纷纷前去投奔，为他日后大展宏图创造了条件。

谅解不是语言上说说就算的事，真正的谅解是从内心里不计较。谅解，需要真诚地接受；谅解，需要坦然地忘却；谅解，需要有退一步海阔天空的胸怀。朋友间的谅解，是一笑泯恩仇的释然；亲人之间的谅解，是亲缘的无可割断；夫妻间的谅解，是吵过嘴后轻轻递给对方的那杯香茶；同事之间的谅解，是大家同心协力完成工作。学会了谅解，你才会真正明白什么叫"反观自己难全是，细论人家未尽非"。学会了谅解，你才能真正享受到"处处绿杨堪系马，家家有路到长安"的潇洒。

有一次，萧伯纳正在街上走着，被一个冒失鬼骑车撞倒在地上，幸好并无大碍。肇事者急忙扶起他，连声道歉，萧伯纳却为这个撞倒他的冒失鬼解围："今天你运气好，如果把我撞死的话，你很快就会在四海扬名了。"有时候，谅解就是这样一剂良药，它赶走了痛苦，却带来轻松和快乐。

在生气之前，先了解一下真相

有时，你眼睛所看到的情况往往与事实还有一段距离，因此，我们在了解事情的真相之前一定不要冲动。

有一对年轻的夫妇，妻子因为难产死去了，不过孩子倒是活了下来。男人一个人既工作又照顾孩子，有些忙不过来，可是又找不到合适的保姆照看孩子，于是他训练了一只狗，那只狗既听话又聪明，可以帮他照看孩子。

有一天，男人要外出，他像往日一样让狗照看孩子。他去了离家很远的地方，所以当晚没有赶回家。第二天一大早他急急忙忙往家里赶，狗听到主人的声音摇着尾巴出来迎接，可是他却发现狗满嘴是血，打开房门一看，屋里也到处是血，孩子居然不在床上——他全身的血一下子都涌到头上，心想一定是狗兽性大发，把孩子吃掉了，盛怒之下，拿起刀把狗杀死了。

就在他悲愤交加的时候，突然听到孩子的声音，只见孩子从床下爬了出来，丈夫感到很奇怪。他再仔细看了看狗的尸体，这才发现狗后腿上有一块肉没有了，而屋门的后面还有一只狼的尸体。原来，是狗救了他的孩子，而狗却被他误杀了。

培根说："冲动就像地雷，碰到任何东西都一同毁灭。"如果你不注意培养自己冷静平和的性情，碰到不如意的事就暴跳如雷，情绪失控，就会让自己陷入自我戕害的囹圄之中。

滨生得高大魁梧，心眼儿却小得像芝麻。他的妻子玲在工厂里做工，上夜班的时候滨送到厂门口，下班时早早就在门口等着，结婚3年一直如此，把玲的那帮姐妹们羡慕得不得了，只有玲自己心里明白是怎么一回事。

总是这样也就罢了，可滨心里还是直犯嘀咕。为此滨心生一计，很认真地对玲说："这几天我们单位忙，不能去接你了。晚上你自己回家吧，千万要小心点儿。"

到了妻子快下班的时间，滨把自己全副武装起来，头上戴着棒球帽，一个大口罩把脸捂得严严实实，还把风衣的领子竖了起来，躲在妻子厂子的大门旁边。

到了下班的时间，工人们一拨一拨地走了出来，可就是没有玲，滨的心不由得揪了起来。人越来越少了，滨的心越来越急。在疏疏落落的人群快要走完的时候，滨才看见玲和一个男子一起走出了厂门，两个人一边走还一边说着什么，显得很亲密的样子。

本就一肚子连醋带火的滨再也忍不住了，一个箭步就冲到了两人面前，一下子把玲的头发抓住："老子稍微一放松，你就找野男人。"

其实，跟玲一起出来的男子是车间的党支部书记，因为第二天厂子里要组织积极分子搞活动，下班时找玲谈了谈。当听玲说丈夫不能来接她时，就决定送她一段。

一场疑心病引发的大闹，让玲在厂子里面抬不起头来，她与滨的婚姻也走到了尽头。

每个人都有冲动的时候，尽管它是一种很难控制的情绪，但不管怎样，我们一定要努力去做。否则，一点细小的疏忽，就可能给自己也给别人造成伤害。在了解真相之前，千万不要冲动。

第四章

逆商与焦虑症：
如何应对来自社会和自己的逆境

第一节

别让焦虑搞砸你的生活

焦虑会给人带来难以忍受的不适感

焦虑不但解决不了任何问题，反而在紧要关头坏事。既然如此，我们不如心平气和地面对一切。

刚刚参加工作的张凡最近一段时间不知道为什么，老是为一些微不足道的小事忧虑，以致影响了正常的工作和生活。

比如，张凡莫名其妙就对他使用的那支钢笔产生了厌恶之感。一看到那磨得平滑的钢笔尖就心里不舒服，他更讨厌那支钢笔的颜色，乌黑乌黑的。于是张凡决定不用它了。可换了支灰色的钢笔后，张凡依然感觉不舒服。原因是买这支灰色的钢笔时张凡见是个年轻漂亮的女售货员，竟然紧张得冒了一头的汗，张凡认为自己出了丑，自尊心受到了伤害。因此张凡恨不得弄烂它，于是把它扔到楼道里，任人践踏。可是转念一想，这不是白白糟蹋钱吗，结果又把它给捡了回来。

还有一次，张凡买了一个用来盛饭的小塑料盒。突然他脑子里冒出一个想法："这是不是聚乙烯制作的？"张凡记得自己曾看过一篇文章，好像是说聚乙烯的产品是有毒的，不能盛食物。这下张凡的神经又绷紧了：自己买的这个小塑料盒会不会有毒？毒素逐渐进入自己的体内怎么办？张凡万分忧虑，但不用它又不行，况且圆珠笔、钢笔、牙刷等也是塑料制品，天天都沾，如果都有毒，这不是让人活不成了吗？

有一天，张凡又为头上的两个"旋儿"苦恼起来。他听人说"一旋好，俩旋孬，两个顶（旋），气得爹娘要跳井"。似乎真有这么回事吧？要不为什么自己经常惹父母生气呢？可许多有两个旋的人也不像自己这么怪呀！这个念头令张凡终日忧虑不已。

张凡就是这样一直在忧虑的旋涡中徘徊、挣扎着……

张凡在忧虑中不断地折磨自己，这就是一种典型的焦虑心理。

焦虑是一种没有明确原因、令人不愉快的紧张情绪。适度的焦虑可以提高人的警觉度，充分调动身心潜能。但如果焦虑过火，则会妨碍你去应对、处理面前的危机，甚至妨碍你的日常生活。

处于焦虑状态时，人们常常有一种说不出的紧张与恐惧，或难以忍受的不适感，主观感觉多为心悸、心慌、忧虑、沮丧、灰心、自卑，但又无法克服，整日忧心忡忡，似乎感到灾难临头，甚至担心自己可能会因失去控制而精神错乱。整天愁眉不展、神色抑郁，似乎有无限的忧伤与哀愁，记忆力衰退，兴味索然，注意力涣散；常常坐立不安，走来走去，抓耳挠腮，不能安静下来。

心理学研究表明，导致焦虑的原因既有心理因素，又有生理因素，同时，人的认知功能和社会环境也起着重要作用。

焦虑是每个人都有的情绪体验，要防止它成为病态，就要寻找各种能舒缓压力的方式。我们要学会正确面对焦虑，正确面对真实的自己。让我们一起化焦虑为成长的契机，做个自在、心无挂碍的现代人。

下面就教你几招来化解焦虑。

★进行耗氧运动，以振奋精神

焦虑者可通过强耗氧运动，振奋自己的精神，如快步小跑、快速骑自行车、疾走、游泳，等等。通过这些耗氧量很大的运动，加速心搏，促进血液循环，改善身体对氧的利用，并在加大氧的利用量中，让不良情绪与体内的滞留浊气一起排出，从而使自己精力充沛，进而振作起来，心理困扰自然就得到很大的缓解。

★常听音乐，以改变心境

一个人，不管他的心情多么不好，只要能听到与自己的心境完全合拍的音乐，就会感到无比舒畅。以音乐来摆脱心理困扰时，要注意选择能适合当时心情的音乐。

★选择适宜的颜色，以滋养身体

美学家通过研究多人的行为发现，犹如维生素能滋养身体一样，颜色能滋养心气，而且效果还较明显。要注意选择适宜的颜色，凡是能使心情愉快的鲜明、活泼的颜色以及具有缓和和镇静作用的清新颜色都可采用。这样，可使你的视觉在适宜的颜色愉悦下，产生滋养心气的效果，并使心理困扰在不知不觉中消失。

★做一个三分钟放松运动操，以缓解焦虑

一分钟"抬上身"——缓慢地使身体向下触及地面，双臂保持俯卧撑姿势，然后双手向下推，胸部离开地面，同时抬头看天花板，吸气，然后再呼气，使全身放松。

一分钟"触脚趾"——双手手掌触地，头部向下垂至两膝之间，吸气。保持这个姿势，再抬头挺胸，同时呼气，然后全身放松。

一分钟"伸展脊柱"——身体直立，双腿并拢，在吸气的同时将双臂向上伸直举过头，双掌合拢，向上看，伸展躯干，背部不能弯曲，然后呼气放松。

"钝感力"：面对挫折不过度敏感

"钝感力"一词源自日本，是日本著名作家渡边淳一《钝感力》中的首创词。按照渡边淳一的解释，钝感力可直译为"迟钝的力量"，即从容面对生活中的挫折和伤痛，坚定地朝着自己既定的方向前进，它是"赢得美好生活的手段和智慧"。其实钝感力的实质，正是一种不焦虑、以忍图强的处世方式。钝感不等于迟钝，它强调的是对周遭事务不过度敏感，沉得住气，不骄不躁，集中力量，专注目标的生存智慧。

钝感力是立身处世不可或缺的品质。我们也许都有这样的体会：同样的失误，同样的苛责，有的人感觉痛不欲生，以致影响事业和生活；有的人却失落一阵，很快就恢复常态，天塌下来依然故我，他的事业、生活没有受到多大困扰，依然运行在正常的轨道之上。许多研究发现，企业中最优秀的员工往往不是最聪明的，也不一定是最能干的，但他们都有一个共同点：他们能够以最合适的状态及心境应对一切变化。在与公司共同发展的过程中，无论是逆境、顺境，表扬或批评，都无法轻易动摇他们对于自我价值的判断以及坚持到底的决心。很多时候，他们是同事眼中冥顽不化的愚笨者，是别人眼中反应迟钝的平庸者，但经过许多次的考验之后，这些"迟钝者"却往往以其坚韧不拔的精神最终获得管理者的赏识，成功实现晋升的梦想。

A集团是所在行业的知名企业，在声名远播的同时，集团面临的内外压力也与日俱增：一方面竞争对手步步紧逼，不断抢占市场份额；另一方面，集团内部营销体系及相应的制度都有些混乱，区域市场的管理出现许多漏洞。张智与刘明都是A集团刚引入的高级营销人才，他们出任公司的营销部经理，分管不同的市场，共同向总经理及董事会负责。

从工作背景来看，两个人不分伯仲：都毕业于名牌大学，都曾任职于著名外企，具有较强的实力和丰富的经验，并且都干劲十足。

在正式接管之后，两个人做的第一件事就是对自己所负责的区域进行大刀阔斧的改革，并引入外资公司一套成熟的制度。虽然职业背景非常相似，但张智与刘明两人的工作风格大相径庭。张智做事雷厉风行，并且说话直言不讳。他的洞察力与市场判断力让许多下属颇为佩服。而刘明却憨厚随和，性格不温不火，做事从不激进。许多人都认为张智将会比刘明更能做出成绩。

由于张智与刘明对区域市场进行了改革，触动了公司中诸多人的利益。在他们上任几个月后，一些员工逐渐产生了抵触情绪，各种非议纷至沓来，更有人写匿名信编造各种借口举报他们。张智与刘明都面临着巨大压力。

张智的性格急躁，对于这些无中生有的指责表现得很激烈，同时对于公司管理层的询问又表现出极大的反感，认为领导层应该给自己充分的信任与支持，而不能以这些莫须有的指责扰乱自己的情绪。为了实现既定目标，张智不断向区域经理下达死命令，不断地进行开会督促。一旦某一项任务没有完成，张智会怒发冲冠，并施以重罚，警告团队必须如期完成。张智的情绪化表现非常明显。他心情好时可以与团队打成一片，但当他情绪低落时，整天阴沉不语，经常为一点小事发怒训人，让下属根本不敢与他沟通。

刘明的表现则平静得多。虽然也肩负重担，但他做事有条不紊。无论是任务布置还是工作推进，无论是取得成绩还是遇到障碍，他都能够心平气和地与团队共同研讨对策。而对于各种各样的非议与批评，刘明充耳不闻，依然淡定自如，他似乎并不太在意别人的评头品足，只是一心走好自己的路。更令下属感激的是，由于某区域经理的失误，导致业绩下滑，整个团队受到董事会严厉批评之时，刘明却一个人扛住压力，耐心向董事会解释其中的原因，并阐述接下来的应对措施以及未来的发展前景，从而取得了谅解。

一年半过去了，张智与刘明都以各自的方式顺利完成了向董事会承诺的目标。公司管理层决定提拔两个人中的一个出任营销总经理。多数员工支持刘明，原因很简单，虽然张智的敬业让人佩服，但刘明的"钝"让人更有持久的信心。总经理的评价则是：张智是个将才，但刘明是个帅才。敏于心，钝于外，这就是我们所期望的稳健型领导者。

如果说敏感力是一种外在的洞察力，那么钝感力则是一种内在的坚持力。相对于洞察力，坚持力是一种更持久的耐力与爆发力。现代社会的竞争越来越激烈，在这场没有硝烟的战争中，人与人之间的"斗争"在所难免，优胜劣汰成为常态。保持一定的敏感度是必要的，但更为重要的是沉得住气，排除一切干扰，为成功而坚持不懈地努力。正是这种貌似"迟钝"的顽强意志使我们突破重重障碍，步步向前——而这，就是钝感的力量所在。

在生活中，如果我们能多一些"钝感"，少一些"敏感"，为梦想穿上"钝感"的战衣，将使我们减少许多的杂念、忧愁、纷争，以便我们更好地将精力投入到工作中去，创造出更为优秀的业绩。

了解社交焦虑症

社交焦虑症的重要表现就在于害怕被他人给予不好的评价。在这种恐惧下，对任何社会交往都充满了焦虑：与异性交往时表现出焦虑；当向别人提出要求时，会变得焦虑；在公众面前讲话，会让人焦虑；面试的时候、在办公室发言的时候，都会让人感到不适。因为内心感到不适，外化到行为上就是颤抖、脸红、出汗、口干舌燥，甚至会紧张抽搐。但是你又非常害怕其他人会注意到你的窘迫，对你产生一些负面的印象，你将变得越来越焦虑。因此，你开始尽可能地逃避各种社会交往。也许孤独、痛苦会袭向你脆弱的心理防线，但这至少比与他人交往更令你感觉安全。于是，孤僻便成了你生活的主旋律。

社交焦虑症患者，总是会假定身旁的人会评价他。他们对自我的认识都想要参照别人的看法，但这反而更加让人自以为是。事实上，这种自以为是的思维方式却有着很大的偏差。一方面，它会让人扭曲了自己对他人的认识。例如，在聚会上，你因为太在意别人怎样看待你，却忽略了一些更重要的社交信号：他们在说些什么？在做什么？也就是说，你总是把大把的时间花在别人怎么看你上，却很少去认真关注别人的感情，去认真理解别人的想法。没有理解，即便是你多么想给别人留下好印象，也不可能，这只会让你继续活在一个自我的世界当中。另一方面，这会让人更加不自信。

有社交焦虑症的人不会正常地看待问题，他们总是在自己的脑海中产生极端的想法，并且老是把那些想法看成真实的，也就是说，他们老是对自己臆想出来的东西信以为真。

我有缺陷或不够好；

不能获得所有人的认同简直是一件糟糕的事情；

一定还有更完美的方法应对社交；

当有旁人在场时，我就应该让自己表现得更完美；

我绝对不能表现出焦虑，如果我表现出焦虑，人们可能就会小瞧我；

如果人们看出我的焦虑，他们就会认为我是一个"失败者"；

我应当总是表现得很自信和很有控制力；

我非常需要获得每一个人的认可。

社交焦虑症患者以为，关注与担心社会交往是有用的。他们认为，预想社交失败会有助于规避发生不好的事情，但他们也清楚，焦虑会让他们更加紧张，表现更加拙劣。他们通常会有这样的焦虑：

如果我为这些事情感到忧虑，提前准备，或许我就能找到不让自己丢脸的办法；

如果我为这些事感到忧虑，表明我能意识到事情的严重性，那么，我就能提前策划好，让自己不出错；

我在社交的时候，一定要好好表现，不能让自己看起来太傻。

同样，他们还会有一些典型的安全行为来掩盖自己的愚蠢行为：

如果我的手颤抖，我就可以握紧玻璃杯或者是一支铅笔；

我可以在说话的时候提速，这样别人就不会认为我是一个失败者，更不会对我所说的做出评价；

如果在讲话之前，我先喝上几口水，可以避免我紧张。

然而，这些看起来似乎很安全的行为实际上让事情变得更糟。其实，你并不知道别人是怎样评论你的，这些只是你的推测而已，而且你的推测在很多情况下根本是不正确的。

研究还表明，我们很少看到社交焦虑症患者笑。他们在社交场合的表情常常是皱眉或者是让自己看起来很严肃，这样一来，没有亲和力，他们自然不能给别人留下好印象。这又与他们极力想给人留下好印象是矛盾的，所以，在人际交往中，结果总是事与愿违，而他们却不知。

克服社交焦虑症的规则手册

1. 正确认识社交焦虑症的根结。社交焦虑其实也是进化的结果，人对陌生人的恐惧，也会通过基因遗传，再加上你父母在自我认识上对你的影响。这些都不是你自己能决定的。

2. 重新认识过去那些消极的想法。你一直强调的那些消极的想法，事实上已经被你夸大和扭曲了。好好审视一下自己，你会明白其实自己也很优秀。

3. 衡量改变的边际成本及边际收益。为了更好地与他人相处，跟上生活的节奏，你必须做那些让你感到反感、感到焦虑的事。这种焦虑病并不会让你变得难堪，但它可能会让你很不舒服。但是，你想想看，如果没了这种焦虑，你的生活将会变得多么美好。因此，你应当鼓起勇气去承担、去经历。

4. 不是所有的人都是挑剔的，摆脱那些旧观念。有些人也许很挑剔，但大部分人都是胸怀宽广的，大家都愿意接纳你。

5. 寻找积极的、正面的信息。世界上没有完美的人，试着去发现那些美好的事物，把注意力集中在别人给你的积极回馈上。寻找这种信息，你就一定会找到成功的感觉。

6. 做一个优秀的倾听者。不要去想你给别人的印象到底怎么样，把注意力放在正在进行的谈话内容上就行。

7. 正视你最差劲的自我评价。回击你心中那些自我批判的想法。证明它们是不理性的、有失公允的，只是浪费你时间和精力的一种可笑行为。

8. 抛弃你眼中的那些安全行为。不用刻意假装沉重镇定，抛弃你眼中的那些安全行为，你依然安全。

9. 客观地看待你的焦虑。焦虑是生活的一部分，每天都在发生各种各样让人意想不到的状况，但是我们依然在正常地进行着日常生活。焦虑并不危险，它不过是一个生活中的警报。

10. 让你的症状更显性。放弃隐藏自己的焦虑，让它更明显，刻意地颤抖自己的双手，甚至在你大脑空白的时候，大声说出来。即便有人觉得你有所不同，谁也不会将你赶出这个世界。

11. 勇敢地面对你的恐惧。将那些你感到焦虑的事付诸实施。给自己列一个每日计划表，与你的恐惧做一个面对面的挑战。

给自己的恐惧分级。从最不害怕的事情练起，慢慢提升事情的恐惧等级。

想象并体验那些场景。大胆发挥你的想象力，试着去想象你已经能够成功地面对这些恐惧。

赶走你在这些场景中的消极念头。认清你的不理性想法，勇敢地挑战它们。

12. 不在事后埋怨。不要去反思你的"错误"，想自己做得多么差。想想你现在的表现有多好，你可以面对更加深层的恐惧。

13. 肯定自己。每天都是崭新的日子，要有信心去面对生活中的各种挫折。要相信自我，超越自我，保持良好的状态，克服生命中面临的各种障碍。

第二节

不要总是强迫自己

人生的幸福路，就是不走极端

生活中，很多人之所以不幸福，是因为他们喜欢走极端。老是苛求这个、苛求那个，最后使自己的生活完全失去了乐趣。

现实生活中，喜欢走极端的大有人在，最明显的一类喜欢走极端的人就是完美主义者，对于完美主义者来说，他们绝对不允许自己的生活出现瑕疵。

《绝望主妇》的女主角之一 Bree，就是典型的完美主义者。

她做事力求一百分，无论是家务、烹饪、仪容和相夫教子，她都尽心尽力。她永远会让房间一尘不染，烫平每件衣物，经常通过聚会来表现自己是优秀的女主人。

她是一个自我要求严格的人，出门时，从头到脚都要整整齐齐、干干净净。同时，她对家人也要求严格，用完的东西一定要放回原位，连筷子、汤匙的摆法和朝向都要一致。

她的过分刻意和挑剔，使得丈夫和两个孩子在家里感到很不安，因为他们必须按照 Bree "完美" 的安排去生活，从吃早餐、袜子的颜色到交男女朋友都有规定，一旦做错，Bree会立刻纠正和提醒。家里所有的人在她的"完美"安排之下都有一种窒息感。

当丈夫心脏病突发去世之后，Bree并没有像其他人一样悲恸欲绝，她关心的焦点是如何办一场完美的葬礼。在葬礼中，一向端庄稳重的Bree做了一件异常疯狂的事：当牧师请亲友向她丈夫的遗体告别时，Bree大声喊停，原因竟然是她不能忍受婆婆给丈夫戴的那条"可笑的黄色领带"。于是，她在众目睽睽下，解下朋友的领带为丈夫换上。完成这一切后，她才露出了满意的笑容。

这样的行为在很多人看来不可理喻，但是了解了完美主义者的思维方式和关注焦点，Bree的行为就不那么难以理解了。完美主义者对自己的感觉和感受，常用自我麻醉的方法来进行压抑和否定。面对生活中的摩擦和矛盾，完美主义者往往难以平心静气地与人进行很好的沟通，达成一致意见，而是按照自己所理解的完美方案去要求对方，从而不能使问题得到解决。

完美主义者对待感情很忠诚，因为他们的内心不允许他们做不道德的事情。同时，他们也要求对方做到绝对忠诚，一旦发现对方有不忠的行为，完美主义者会非常愤怒而绝望。受到伤害的完美主义者往往会用毁灭感情的方式来做一个彻底的了结。

所以，我们要明白，人生的幸福路，就是不走极端。比方说，一个人要老实，但是不能太老实。一方面太老实的人没什么个性没什么特点，另一方太老实也被看成无能的表现。要聪明，但不能太聪明，小心聪明反被聪明误。与其在生活中一味地追求拔尖，不如追求适用。就像有人说的那样，在学习的时候，我们要做一个锥体，用心钻研；在做人的时候要做正方体，方方正正；在为人处世方面，我们要做球体，圆圆融融。

一个人在生活中，与其过分地追其极端，不如追求平衡。只要我们的内心平稳，只要我们的心灵足够舒服，我们就没有必要走极端。

确立自己的评判标准

不要让众人的意见淹没了你的才能和个性。太在乎别人的意见或者是别人对自己的反应，你就会迷失自我。你只需听从自己内心的声音，做好自己就够了。

一位小有名气的年轻画家画完一幅画后，拿到展厅去展出。为了能听取更多的意见，他特意在他的画作旁放上一支笔。这样一来，每一位观赏者，如果认为此画有败笔之处，都可以直接用笔在上面圈点。

当天晚上，年轻画家兴冲冲地去取画，却发现整个画面都被涂满了记号，没有一个地方不被指责的。他十分懊丧，对这次的尝试深感失望。

他把他的遭遇告诉了一位朋友，朋友告诉他不妨换一种方式试试。于是，他临摹了同样一张画拿去展出。但是这一次，他要求每位观赏者将其最为欣赏的妙笔之处标上记号。

等到他再取回画时，结果发现画面也被涂遍了记号。那些曾被指责的地方，如今却都换上了赞美的标记。

"哦！"他不无感慨地说，"现在我终于发现了一个奥秘：无论做什么事情，不可能让所有的人都满意。因为，在一些人看来是丑恶的东西，在另一些人眼里或许是美好的。"

不同的人在面对同一件事物时，往往会发出不同的感慨，持有不同的观点。有时同一个人关于同一事件的观点，也会因时间的推移而变化。如果我们想用追随他人的喜好的方法来讨好他们的话，那将是一件非常辛苦的事情。不被他人的评论所左右，找到那片属于自己的天空，才能活出真正的自我，才能在充满坎坷的人生道路上走得更踏实。

但可惜的是很多时候，我们在通向成功的奋斗之路上常常被一些人和事所干扰，最终失去了真实的自我，在歧路上越走越远，找不到回头的路。

其实，生命是属于你自己的，每个人都有一片属于自己的独特天空。你所要做的只是不要被别人的言论所左右，找到那片属于你自己的天空，这样你就能创造出属于自己的精彩。

白云守端禅师有一次和他的师父杨岐方会禅师对坐，杨岐问："听说你从前的师父茶陵郁和尚大悟时说了一首偈，你还记得吗？"

"记得，记得。"白云答道，"那首偈是：'我有明珠一颗，久被尘劳关锁，一朝尘尽光生，照破山河万朵。'"他语气中免不了有几分得意。

杨岐一听，大笑数声，一言不发地走了。

白云怔在当场，不知道师父为什么笑，心里很烦，整天都在思索师父的笑，怎么也找不出他大笑的原因。

那天晚上，他辗转反侧，怎么也睡不着，第二天实在忍不住了，大清早去问师父为什么笑。

杨岐禅师笑得更开心，对着失眠而眼眶发黑的弟子说："原来你还比不上一个小丑，小丑不怕人笑，你却怕人笑。"白云听了，豁然开朗。

是啊，身为一个凡人，我们有时还比不上一个小丑。放开自己，挣脱别人对我们的束缚，我们才能活得更洒脱。

不强迫自己做不想做的事

我们只有一次生命，而且相当短，为什么要在自己不想做的事情上浪费自己的生命呢？

有一天，如来佛祖把弟子们叫到法堂前，问道："你们说说，你们天天托钵乞食，究竟是为了什么？"

"世尊，这是为了滋养身体，保全生命啊。"弟子们几乎不假思索地回答。

"那么，肉体生命到底能维持多久？"佛祖接着问。

"有情众生的生命平均起来大约有几十年吧。"一个弟子迫不及待地回答。

"你并没有明白生命的真相到底是什么。"佛祖听后摇了摇头。

另外一个弟子想了想又说："人的生命在春夏秋冬之间，春夏萌发，秋冬凋零。"

佛祖还是笑着摇了摇头："你觉察到了生命的短暂，但只是看到生命的表象而已。"

"世尊，我想起来了，人的生命在于饮食间，所以才要托钵乞食呀！"又一个弟子一脸欣喜地答道。

"不对，不对。人活着不只是为了乞食呀！"佛祖又加以否定。

弟子们面面相觑，一脸茫然，都在思索另外的答案。这时一个烧火的小弟子怯生生地说道："依我看，人的生命恐怕是在一呼一吸之间吧！"佛祖听后连连点头微笑。

故事中各位弟子的不同回答反映了不同的人性。人是惜命的，希望生命能够长久，所以才会有那么多的帝王将相苦求长生之道；人是有贪欲的，又是有惰性的，所以才会有那么的"鸟为食亡"的悲剧发生；而人又是向上的，所以才会有那么多"只争朝夕"、从不松懈的生活。

这些弟子看到的都只是生命的表象，而烧火小弟子的彻悟却在常人之上。人这一生，犹如一呼一吸，生和死，只是瞬间的转化。天地造化赋予人一个生命的形体，让我们劳碌一生，到了生命的最后才休息，而死亡就是最后的安顿，这就是人一生的描述。世间的痛苦与幸福，都不过是生命的衍生。倘若没有了生命，便没有痛苦，幸福也无从谈起。

生命之旅，即使短如小花，也应当珍惜这仅有的一次生存的权利。生命是虚无而又短暂的，它在于一呼一吸之间，如流水般消逝，永远不复回。要让生命更精彩，我们应在有限的时间里，绽放幸福的花朵。

在有限的生命里，我们应该秉持一种乐观的心态，让我们的生命活得更精彩、更有价值，让可贵的生命变成有质量的生命。

对每个人来说，生命有长有短，生命的质量也有很大的不同。什么是生命的质量？生命的质量是霍金在残疾之后的坚强不息，是海伦在失明之后活下去的勇气，是世人孜孜不倦追求幸福的过程。我们无法掌握生命的长度，但我们能改变生命的质量。只要活出有质量的人生，瞬间的生命也能绽放永恒的绚烂。

所以，把握住短暂的生命，把生命的热情倾注在自己喜欢做、渴望做的事情上，把自己的人生变成有质量的人生，莫到年华流逝时，才感慨时光错付而追悔不已。走自己的路，让别人去说吧！人生在世，何必事事都在乎世人的眼光，又何必因自己想做的事与世俗眼光相左而放弃自我的坚持？生命短暂，何必花费过多时间在自己不愿做的事情上呢？虽然人活在这个世界上，不可避免地会遇到一些违背心愿的事，但是关键在于能否在做了这些事之后还能继续坚持自己的理想，且坚持不懈地走下去。人这一生，要拿得起放得下，勿在不愿做的事情上花费太多时光，消耗自己短暂的人生。做自己想做的事，过自己想过的生活，燃烧自己生命的激情，一呼一吸间的短暂生命会因此而丰盈，从而变得充满质感，这样的人生，洋溢着幸福。

让"强迫症"不再强迫你

强迫症又称强迫性神经症，是反复出现的明知是毫无意义的、不必要的，但主观上又无法摆脱的观念、意向和行为。其表现多种多样，如：反复检查门是否关好，锁是否锁好；常怀疑被污染，反复洗手；反复回忆或思考一些不必要的问题；出现不可控制的对立思维，担心由于自己不慎使亲人遭受飞来横祸；对已做妥的事，缺乏应有的满足感……

对于强迫症的发病原因，一般认为主要是精神因素。现代社会压力大，竞争激烈，淘汰率高，在这种环境下，内心脆弱、急躁、自制能力差、具有偏执型人格或完美主义人格的人很容易产生强迫心理，从而引发强迫症。通常，他们会制定一些不切合实际的目标，过度强迫自己和周围的人去达到这个目标，但总会在现实与目标的差距中挣扎。此外，自幼胆小怕事、对自己缺乏信心、遇事谨慎的人在长期的紧张压抑中会焦虑恐惧，易出现强迫症行为。

需要指出的是，像反复检查门锁这种强迫心理现象在大多数人身上都曾发生过，如果强迫行为只是轻微的或暂时性的，当事人不觉痛苦，也不影响正常生活和工作，就不算病态，也不需要治疗。如果强迫行为每天出现数次，且干扰了正常工作和生活，就需要治疗了。

李广栋是某修配厂的一名工人，平时非常怕脏，只要别人碰过的衣物就丢弃，只要手碰了一下某种东西，就洗刷不止。三年前李广栋刚去这家工厂时，生活上有些不适应，热心的老工人袁师傅对他比较关心，在生活上关照他，业务上指导他，因此关系比较密切。后来，李广栋听人说袁师傅曾患有肝炎，因而十分紧张，怕传染上肝炎，于是将所有被袁师傅接触过的衣物、器皿丢掉；被袁师傅碰过的东西，如自己再碰着就不断地洗手，直洗到双手发白，皮肤起皱才罢休，否则就会内心紧张不已，甚至感到思维都不灵活了。自己明知这样洗是不必要的，但无法控制。在朋友的劝说下，李广栋去找心理学专家进行咨询，经诊断他患上了强迫症。

"强迫症"并不可怕，关键在于你能否勇敢理智地面对它、战胜它，让它再也"强迫"不了你。如果你有此决心，不妨试试以下几种方法进行自我调适。

★顺其自然法

任何事情顺其自然，该咋办就咋办，做完就不再想它，有助于减轻和放松精神压力。如有东西忘了带就别带它好了，担心门没锁好就不锁，东西没收拾干净就脏着。经过一段时间的努力来克服由此带来的焦虑情绪，症状就会慢慢消除。

★夸张法

可以对自己的异常观念和行为进行戏剧性的夸张，使其达到荒诞透顶的程度，以至于自己也感到可笑、无聊，由此消除强迫症的表现。

★活动法

平时应多参与一些文娱活动，最好能参加一些冒险和刺激的活动，大胆地对自己的行动做出果断的决定，对自己的行为不要过多限制和发表评价。在活动中尽量体验积极乐观的情绪，拓宽自己的视野和胸怀。

★自我暗示法

当自己处于莫名其妙的紧张和焦虑状态时就可以进行自我暗示。比如："我干吗要这样紧张？一次作业没做是没有关系的，只要向老师讲清原因就可以了。就是不讲，老师也不会批评；就是批评了，又有什么好紧张的，只要虚心听取下次改了就行，何必那样苛求自己呢？谁没有犯过一点过失呢？"

★满灌法

满灌法就是一下子让你接触到最害怕的东西。比如说你有强迫性的洁癖，请你坐在一个房间里，放松，轻轻闭上双眼，让你的朋友在你的手上涂上各种液体，而且努力地形容你的手有多脏。这时你要尽量地忍耐，当你睁开眼，发现手并非想象的那么脏，就会知道不能忍受只是想象出来的。若确实很脏，你洗手的冲动会大大增强，这时你的朋友将禁止你洗手，你会很痛苦，但要努力坚持住，随着练习次数的增加，焦虑便会逐渐消失。

★当头棒喝法

当你开始进行强迫性的思维时，要及时地对自己大声喊"停"。如果你在自疗的过程中遇到困难，请别忘了向你身边的朋友或心理学家寻求帮助。

第三节

别让拖延症害了你

拖延是一种错误的生活方式

"明天，明天，还有明天"，很多人总是在这样的自我安慰中度过一个又一个今天。殊不知，时间不息地奔赴终点，当你把今天应该完成的事拖到明天去做时，这个"明天"就足以把你送进坟墓了。

深夜，一个危重病人迎来了他生命中的最后一分钟，死神如期来到了他的身边。在此之前，死神的形象在他脑海中几次闪过。他对死神说："再给我一分钟好吗？"死神回答："你要一分钟干什么？"他说："我想利用这一分钟看一看天，看一看地。我想利用这一分钟想一想我的朋友和我的亲人。如果运气好的话，我还可以看到一朵绽开的花。"

死神说："你的想法不错，但我不能答应。这一切早已留了足够的时间让你去欣赏，你却没有像现在这样去珍惜，你看一下这份账单：在 60 年的生命中，你有 1/3 的时间在睡觉；剩下的 40 多年里你经常拖延时间；曾经感叹时间太慢的次数达到了平均每天一次。上学时，你拖延完成家庭作业；成人后，你抽烟、喝酒、看电视，虚度光阴。

"我把你的时间明细账罗列如下：做事拖延的时间从青年到老年共耗去了 36500 小时，折合为 1520 天。做事有头无尾、马马虎虎，使得事情不断重做，浪费了大约 300 多天。因为无所事事，你经常发呆；你经常埋怨、责怪别人，找借口、找理由、推卸责任；你利用工作时间和同事聊天，把工作丢到了一旁毫无顾忌；工作时间呼呼大睡，你还和无聊的人煲电话粥；你参加了无数次无所用心、懒散昏睡的会议，这使你睡眠时间远远超出了 20 年；你也组织了许多类似的无聊会议，使更多的人和你一样睡眠超标；还有……"

说到这里，这个危重病人就断了气。死神叹了口气说："如果你活着的时候能节约一分钟的话，你就能听完我给你记下的账单了。唉，真可惜，世人怎么都是这样，还等不到我动手就后悔死了。"

每个人的生命都是有限的，当拖延成为你的习惯时，死神也就在不知不觉中来临了。你可以给自己时间，但生命不会给你时间，正如中国古代诗人李商隐所吟诵的"人间桑海朝朝变，莫遣佳期更后期"。

人为什么会被"拖延"的恶魔所纠缠，很大的原因在于当认识到目标的艰巨时所采取的一种逃避心理，能以后再面对的就以后再面对，只要今天舒服就行，拖延就这样成为"逃避今天的法宝"。而逃避是弱者最明显的特征。

有些事情你的确想做，绝非别人要求你做，尽管你想，但总是在拖延。你不去做现在可以做的事情，却想着将来某个时间来做。这样你就可以避免马上采取行动，同时你安慰自己并没有真正放弃。你会跟自己说："我知道我要做这件事，可是我也许会做不好或不愿意现在就做。应该准备好再做，于是，我当然可以心安理得了。"每当你需要完成某个艰苦的工作时，你都可以求助于这种所谓的"拖延法宝"，这个法宝成了你最容易也是最好的逃避方式。

拖延自己的时间，往往有 1/3 的原因是自我欺骗，另外 2/3 是逃避现实。之所以坚持自己这样的拖延行为，还因为你自己从其中得到了一些"好处"：

通过拖延，你显然可以不去做那些令自己感到头疼的事；有些事情你害怕去做，有些事情你想做又害怕行动。

欺骗自己的各种理由让你心安理得，因为你觉得自己还是个实干家，也许就是慢一点的实干家。

只要能一拖再拖，你就可以永远保持现状，无须改进，也不必承担任何随之而来的风险。

你厌倦生活，你抱怨说是其他人或一些琐事让你情绪消沉，这样你便轻松摆脱责任，并且推卸给客观环境。

你通过拖延时间，让自己在最短的时间内完成工作，如果做得不好，你会说："我时间不够！"

你找借口不做任何没把握的事情，以避免失败，这样你觉得自己还真不是个低能的人。

就这样，拖延成了你用来逃避的通行证。你和社会上千万人一样像草木般活着，遇到任何困难都不当机立断，任其耽误下去。

人的本质都是懦弱的，从这一点上说，拖延和犹豫是人类最合乎人情的弱点，但是正因为它合乎人情，没有明显的危害，所以无形中耽误了许多事情，因此而引起的烦恼，实在比明显的罪恶还要厉害。你拖延得了一时，却拖延不过一世，今天你利用拖延这张证件避免了危险和失败，但这样做又能达到怎样的目的呢？在你避免可能遭到失败的同时，你也失去了取得成功的机会。

在一段时间内只专注一件事情

现代人大都背负着沉重的生活压力，时常担心这个、担心那个。面对成堆的工作，很多人的第一反应就是掂量自己能不能完成。觉得能完成的还好；一觉得自己完不成，马上就会急躁、忧虑。这样一来，工作想不拖延都难。

既然你所忧虑的事不是一时半刻就能改变的，面对这么多的压力，何不试一试所谓的"沙漏哲学"——一次只做一件事情。

二战时期，米诺肩负着沉重的任务，他每天要花很长的时间在收发室里，努力整理在战争中死伤和失踪者的最新资料。

每天都会有大量的情报从四面八方传来，收发室的人员必须分秒必争地处理，哪怕一丁点儿的小错误都可能造成难以弥补的后果。米诺的心始终悬在半空中，小心翼翼地避免出现任何差错。

在压力和疲劳的袭击之下，米诺患了结肠痉挛症。身体上的病痛使他忧心忡忡，他担心自己从此一蹶不振，又担心自己是否能撑到战争结束，活着回去见他的家人。

在身体和心理的双重煎熬下，米诺整个人瘦了许多。他觉得自己就要垮了，他也不奢望会有痊愈的一天。

身心交相煎熬，米诺终于住进了医院。

军医了解他的状况后，语重心长地对他说："米诺，你身体上的疾病没什么大不了，真正的问题出在你的心里。我希望你把自己的生命想象成一个沙漏，在沙漏的上半部，有成千上万的沙子。它们在流过中间那条细缝时，都是平均而且缓慢的，除了弄坏它，你跟我都没办法让很多沙粒同时通过那条窄缝。人也是一样，每一个人都像一个沙漏，每天都有一大堆的工作等着我们去做，但是我们必须一次一件慢慢来，否则我们的精神承受不了。"

医生的忠告给了米诺很大的启发，从那天起，他就一直奉行着这种"沙漏哲学"，即使问题如成千上万的沙子般涌到面前，米诺也能沉着应对，不再杞人忧天。他反复告诫自己："一次只流过一粒沙子，一次只做一件工作。"

没过多久，米诺的身体便恢复了健康，他也学会了如何从容不迫地面对自己的工作了。

人只有两只手，不可能把所有的事情一次解决，那么又何必为那么多事情而烦恼呢？

不能及时改变的事，你再怎么担心忧虑也只是空想而已，事情并不能马上解决。你应该试着一件一件慢慢来，集中精力一次只做一件事，在做好一件之后，再去解决另外一件事情，这样既能避免因无谓的担忧而让事情拖延，也能保证事情的质量，何乐而不为？

在精力最旺盛的时候做重要的事情

菲·蔡·约翰逊曾经说过："时钟随着指针的移动滴答在响：'秒'是雄赳赳气昂昂列队行进的兵士，'分'是士官，'小时'是带队冲锋陷阵的骁勇的军官。所以当你百无聊赖、胡思乱想的时候，请记住你掌上有千军万马；你是他们的统帅。检阅他们时，你不妨问问自己——他们是否在战斗中发挥了最大的作用？"

如果有人给你几千块钱，要你从此独立生活，你将怎样使用这些钱？心态务实的人不会先去买电脑游戏，也不会先去看歌剧，而是在解决了衣食住行的问题后，才开始考虑电视和其他娱乐的支出。因为他们懂得，应该把最重要的事情放在最前面。

生活或者工作中，我们首先应该明白，哪些是最重要、最需要解决的，然后把它们放到前面。要知道，对于最重要的事情来说，晚做不如早做，晚做的成本会越来越高；心力交瘁的时候做，不如精力旺盛的时候做，身心憔悴的时候做不仅让你感到力不从心，而且会因为效率低加重你的时间成本，让你无限期地拖延下去。所以最重要的事要在精力最旺盛的时候完成。

伯利恒钢铁公司总裁理查斯·舒瓦普为自己和公司的低效率而忧虑，于是去找效率专家艾维·李寻求帮助，希望李能教给他一套思维方法，告诉他如何在短时间里完成更多的工作。

艾维·李说："好！我10分钟就可以教你一套至少提高效率50%的最佳方法。

"把你明天必须做的最重要的工作记下来，按重要程度编上号码。最重要的排在首位，依此类推。早上一上班，马上从第一项工作做起，一直做到完成为止。然后用同样的方法对待第二项工作、第三项工作……直到你下班。即使你花了一整天的时间才完成了第一项工作，也没关系。只要它是最重要的工作，就坚持做下去。每一天都要这样做。在你对这种方法的价值深信不疑之后，叫你的公司的人也这样做。

"这套方法你愿意试多久就试多久，然后给我寄张支票，并填上你认为合适的数字。"舒瓦普认为这个思维方式很有用，不久就填了一张 25000 美元的支票给李。舒瓦普后来坚持使用艾维·李教给他的那套方法。5 年后，伯利恒钢铁公司从一个鲜为人知的小钢铁厂一跃成为美国最大的、不需要外援的钢铁生产企业。舒瓦普常对朋友说："我和整个团队坚持最重要的事情先做，我认为这是我的公司多年来最有价值的一笔投资！"

把时间留给最重要的事如此重要，却常常被我们遗忘。我们必须让这个重要的观念成为一种习惯，每当一项新工作开始时，必须先确定什么是最重要的事，什么是我们应该花最大精力去重点做的事。

然而，分清什么是最重要的并不是一件易事，我们常犯的一个错误是把紧迫的事情当作最重要的事情来处理。

紧迫只是意味着必须立即处理，比如电话铃响了，尽管你正忙得焦头烂额，也不得不放下手边工作去接听。紧迫的事通常是显而易见的。它们会给我们造成压力，逼迫我们马上采取行动。但它们往往是令人愉快的、容易完成的、有意思的，却不一定是很重要的。

重要的事情通常是与目标有密切关联的，并且会对你的使命、价值观、优先的目标有帮助的事。这里有 5 个标准可以参照。

1. 完成这件事可以更接近自己的主要目标 (年度目标，月目标，周目标，日目标)。

2. 完成这件事有助于为实现组织、部门、工作小组的整体目标做出最大贡献。

3. 在完成这件事的同时可以解决其他许多问题。

4. 完成这件事能获得短期或长期的最大利益，比如得到公司的认可或赢得公司的股票，等等。

5. 这件事一旦完不成，会产生严重的负面影响：生气、责备、干扰，等等。

根据紧迫性和重要性，我们可以将每天面对的事情分为四类，即重要且紧迫的事；重要但不紧迫的事；紧迫但不重要的事；不紧迫也不重要的事。

只有合理高效地完成了重要而且紧迫的事情，你才有可能获得最大的成效。而重要但不紧迫的事情要求我们具有更多的积极性、主动性、自觉性，早早准备，防患于未然。剩下的两类事或许有一点价值，但对目标的完成没有太大的影响。

只有重要而不紧迫的事才是需要花大量时间去做的事。它虽然并不紧急，但决定了我们的工作业绩。只有养成先做最重要的事的习惯，对最具价值的工作投入充分的时间，工作中的重要的事才不会被无限期地拖延。这样，工作对你来说就不会是一场无止境、永远也赢不了的赛跑，而是可以带来丰厚收益的活动。

摆脱被动拖延的怪圈

拖延无助于问题的解决。相反，它只会让问题变得越来越难以解决。我们要提高解决问题的效率，摆脱被动拖延的怪圈，就要养成快速行动的好习惯，将问题在第一时间内解决。

阿尔伯特·哈伯德曾讲过这样一个故事：

有一次，我决定将一张旧的大书桌送给我的朋友。桌上覆盖了一块透明玻璃，朋友不想要那块玻璃，于是当我们在将旧书桌运到他的卡车上时，就随手把玻璃靠在了车道旁的篮球架上。

朋友在临走前，提醒我说："你最好把这块玻璃放在比较安全的地方。"我立刻回答道："放心吧，我会的！"但我没有。我看着那块玻璃，告诉自己待会儿一定要处理。之后一会儿忙着修剪树枝，一会儿忙着清理车库，只是每次只要走过那块玻璃，我就告诉自己应该在它被撞破前尽快移走，然而我只是一直想：待会儿、待会儿。

　　一天下来，我们一家人决定出去吃晚餐。当车子倒出车库时，我的太太对我说："我们是不是应该把这块玻璃放在比较安全的地方呢？"你一定知道我是怎么回答她的。

　　几小时候后，我们乘着暮色回家，大伙儿一下车，全都直奔屋内。这时我看到一把小型修草剪子被摆在了街灯下、靠近车道的地方。我跟小儿子杰克说："杰克可不可以请你去把剪子拿回来，帮我放回车库里？"杰克答应一声，就朝放剪子的方向跑去，而我继续朝屋子走去。

　　过了不久，伴随儿子的大声尖叫，我听见玻璃被撞碎的声音。

　　我立刻意识到发生了什么情况，我也知道原因。我冲出车库，发现杰克仰天躺在车道上，肚子上有很多碎玻璃，有些长度超过一尺。我抱着号啕大哭的他跑到屋前阳台，在灯光下检视他的伤口，心里已经做了最坏的打算。

　　但是，我简直不敢相信自己的眼睛：他竟然连一点擦伤都没有！实际情况是，杰克往前跑的时候撞上了玻璃，在玻璃摔落在车道的刹那间，他刚好跌在那上面，于是身上竟然没有受伤。我们的庆幸之情溢于言表。

　　为什么会发生这个事件呢？因为拖延。我明明知道应该把那块玻璃搬走，而且这么做根本花不了几分钟，但是我一再拖延不做，直到差点酿成一场大祸。

拖延无助于问题的解决。无论是公司还是个人，没有在关键时刻及时做出决定或行动，而让事情拖延下去，这会给自身带来严重的伤害。那些经常说"唉，这件事情很烦人，还有其他的事等着做，先做其他的事情吧"的人，总是奢望随着时间的流逝，难题会自动消失或有另外的人解决它，这永远只能是自欺欺人。

拖延并不能使问题消失，也不能使解决问题变得容易起来，而只会使问题变得困难，给工作造成严重的危害。我们没解决的问题，会由小变大、由简单变复杂，像滚雪球那样越滚越大，解决起来也越来越难。

另外，拖延还会让你失掉一些工作中的机会。在公司里，纵然你有一个优秀的企划方案，纵然你有一项完善的工程设计，如果你比别人慢半拍，一切也就失去了意义。如果你不能在第一时间内将问题解决，那么你的工作只好由别人来代劳了。

李翔是一个非常出色的企划人员，有一次，他跟一个竞争对手同时参与一家大公司的投标。通过大量的资料收集和精心的策划，他们几乎在同一时间完成了各自的竞标计划。在投标的那天，李翔在赶赴那家大公司的路上，因为车子出了故障，晚了一个小时到达会场。正是在这短短的一个小时内，对手那新颖的设计和长远的规划，再配上其精彩的讲演，已经深深地吸引了大公司的决策人员，大公司上层人员于是一致决定采用李翔对手的方案。

事实上，李翔的方案并不逊于竞争对手，但因为晚了一个小时而失去了竞争的机会，使他精心准备的方案毁于一旦。李翔的失败固然有客观方面的因素，但是它也向我们提示了一个这样的职场规则：在工作中出现问题要第一时间内解决，否则你的工作将"贬值"甚至完全失去意义。

因此，我们在处理自己的事情时，一定要养成不推迟的好习惯，出现问题后不拖延，争取将问题在第一时间内解决。

不找借口，把拖延的事及时完成

"明日复明日，明日何其多。我生待明日，万事成蹉跎。"要想不荒废岁月，就要克服拖延这个习惯。

拖延者的一个悲剧是，一方面梦想仙境中的玫瑰园出现，另一方面又忽略窗外盛开的玫瑰。昨天已成为历史，明天仅是幻想，现实的玫瑰就是"今天"。

让缺点合理化是拖延者的一个最好退路，那些习惯性的拖延者通常也是制造借口与托词的专家。如果你存心拖延逃避，你就能找出成千上万个理由来辩解。把"事情太困难、太昂贵、太花时间"等种种理由合理化，要比相信"只要我们更努力、更聪明、信心更强，就能完成任何事"容易得多。

做事拖延的人无法接受承诺，只想找借口。如果你发现自己经常为了没做某些事而制造借口，或想出千百个理由为事情未能按计划实施而辩解，这时候你就应当认真反思一下了。找借口是拖延者的恶习。例如每当自己要付出劳动，或要做出抉择时，我们总会找出一些借口让自己轻松些、舒服些。有些人能在瞬间果断地战胜惰性，积极主动地面对挑战；有些人却深陷于"激战"的泥潭，被主动和惰性拉来拉去，不知所措，无法定夺……时间就这样一分一秒地浪费了。

人们都有这样的经历，清晨闹钟将你从睡梦中惊醒，想着自己所订的计划，同时却感受着被窝里的温暖，一边不断地对自己说：该起床了，一边又不断地给自己寻找借口——再睡一会儿。于是，在忐忑不安之中，又躺了 5 分钟、10 分钟……对付惰性最好的办法就是根本不让惰性出现。往往在事情的开端，总是积极的想法在先，然后当头脑中冒出"我是不是可以……"这样的问题时，惰性就出现了，"战争"也就开始了。一旦开仗，结果就很难说了。所以，要在积极的想法一出现就马上行动，让惰性没有乘虚而入的可能。

　　工作中只有两种行为：要么努力挑战困难，要么就不停地用借口来辩解。前者可以带来成功，而后者只能走向失败。托马斯·沃森曾说："人们如此善于找借口，却无法将工作做好，的确是一件非常奇怪的事。如果那些一天到晚想着如何欺瞒的人，能将这些精力及创意的一半用到正途上，他们就有可能取得巨大的成就。"我们要做的是克服拖延的习惯，并将其从自己的个性中根除。把你应该在上星期、去年或甚至十几年前该做的事情拖到明天去做的习惯，是造成你工作效率低下的一个重要原因。除非你改掉这种坏习惯，否则你将难以取得任何成就。

　　有一些方法可以帮你克服拖延的恶习，比如：

　　第一，每天从事一件明确的工作，而且不必等待别人指示就能够主动去完成。

　　第二，到处寻找，每天至少找出一件对其他人有价值的事情，而且不期望获得报酬。

　　第三，每天要将养成这种主动工作习惯的价值告诉别人，至少要告诉一个人。

第五章

逆商与压力管理：
把压力转化为前进的动力

第一节

压力是生活的必然，负重更要前行

预想中的种种痛苦，往往不会发生

恐惧能摧残人的精神。一个人一旦心怀恐惧的心理，则做什么事都不可能高效率完成。恐惧这个恶魔，从古到今，都是人类可怕的敌人，是人类文明事业的破坏者。

许多人都会杞人忧天，他们常常猜想着大不幸的降临：会遭遇不测，要面临火灾水害、火车出轨、轮船出事……

当整个心态和思想随着恐惧的心情而起伏不定时，干任何事情都不可能收到功效。在实际生活中，真正的痛苦其实并没有我们想象中那么大。那些使我们担惊受怕、整天愁眉不展的事情，那些让我们一想起来就感到烦躁不安的事情，实际上并没有发生，甚至永远都不会发生。换句话说，你所恐惧的那些事情都是你自己臆想出来的，是你在自寻烦恼而已。

恐惧纯粹是一种心理想象，是存在于幻想中的一个大怪物。如果我们每一个人都能认识到这一点，我们的恐惧就会很自然地消失。如果在日常生活中能被正确地告知没有任何臆想的东西能伤害我们，如果我们的见识广博到足以明了没有任何臆想的东西能伤害我们，那我们就会感觉到生活中真的没有什么能够伤害我们。

勇敢的思想和坚定的信心是治疗恐惧的良药，它能够消融一个人的恐惧思想。当人们心神不安时，当忧虑正消耗着他们的活力和精力时，他们是不可能获得最佳效率的，也不可能事半功倍地将事情办好。

科学家经过研究，得出这样一个结论：恐惧之所以产生，在很大程度上是与一个人的软弱分不开的。因为感到自己软弱，所以一个人的思想意识就会和他体内的某种巨大的力量相分离，这样，他就会变得力不从心。可是，一旦他的思想意识和他身体内强大的力量相交融，他就会感到满足，找到让自己坚定的平和感，那么，他将真正体会到做人的荣耀，进而爆发出巨大的动力。一旦有了这种感觉之后，他绝对不会满足于心灵的不安和四处游荡，绝对不会让自己萎靡不振，而是让自己振作起来。

不会与压力相处，就会陷入危机

现代生活中，事业和家庭的双重责任让很多人无法承受。有些人诅咒压力、憎恶压力，在压力中消沉，甚至在压力中崩溃。

压力到底是一种什么样的东西，可以有如此大的摧毁力？压力来自方方面面，工作的繁重、生活中的各种琐事、情感纠葛、人际紧张都可能造成压力，让你感觉到一种"备战状态"，精神高度紧张。绝大多数社会人都面临着相似的境况，可以说，承受压力是现代人的常态。但问题是，一些人似乎能够承受，而另一些人却被压力击垮。究其原因，外部压力只是很小的一部分原因，更大的原因在于自身。

完全没有心理压力的情况是不存在的。如果你的生活失去了压力，那么空虚就会找上门来。无所事事，对生活失去兴趣的状态比高压状态更加不利于你的心理和生理健康。

压力是一种常态，但不会与压力相处的人就会打破这种状态，让自己的精神和身体濒临崩溃的边缘。如何与压力相处，关键是承受者的心态和耐力。所以，与其在压力来临时诅咒它，不如从自身做起，改观心态，增强承受力。更重要的是找到适合自己的放松方式，轻松化解压力。

你也可以试试这些化解压力的办法。

★罗列出具体的压力源

你可以仔细思考自己到底有哪些压力，它是来自工作、生活、交际还是其他方面，把让你感到困难的事情仔细写出来。一旦写出来以后，你就会发现了解自己的具体所想就能化解掉一半的压力。

然后为这些事情排一个序，哪些是你必须马上解决的，哪些是可以稍微放缓一下的。从重点开始——击破。

★自我心理暗示

通过积极地自我心理暗示，如告诉自己"这些都不算什么，我可以轻松解决"，或者训练思维游逛，如想象"蓝天白云下，我坐在平坦绿茵茵的草地上"，"我舒适地泡在浴缸里，听着优美的轻音乐"。这些积极的暗示都能在短时间内让你平复心情，获得轻松之感。

★用运动来解压

适当的运动能够使人心情舒畅。人在运动时，身体能够得到舒展和放松，大口地呼吸新鲜空气，心理上也会产生相应的畅快感。这是一种不错的减压的方式。

★为压力寻找合理的解释

这个方法是在你明确压力来自什么方面以后采取的，目的是增强心理承受能力。比如说当你在繁重的工作中与同事产生纠纷，感觉到对方更增添了你的工作压力。这个时候你不妨想一想对方的处境，他可能最近面临着什么困境，所以情绪不稳定，因而在与你的合作中产生了摩擦。这样一想，你就会觉得心里平和多了。

★寻求支持

当你觉得自己的心理压力过大，已经快超出承受范围的时候，可以适当地向亲戚、朋友、心理医生求助。倾诉可以缓解你紧张的精神，千万不要一个人硬撑。承认自己在一定时期的软弱，然后通过外部有益的支持减弱不良的情绪反应是明智之举。

总而言之，压力是客观存在的。你不可能减掉所有的压力，但是把压力放在沙漏里，让它一点一点地囤积，又一点一点地漏下，你的生活就能找到平衡。

涉世之初，不妨沉下心来做"蘑菇"

有一个有趣的"蘑菇定律"，是形容年轻人或者初学者的。意思是这样的：刚入职场的人处境很像蘑菇，被置于阴暗的角落，他们或被放在不受重视的部门，或做着打杂跑腿的工作。

相信很多人都有做"蘑菇"的经历。这不是坏事，做上一段时间的蘑菇，承受住了工作中的压力，我们的浮躁和不切实际的想法就会消失，从而让自己变得更加现实。

工作无贵贱，态度却有尊卑，任何一份工作都包含着成长的机遇，任何一份工作都有可以学习的东西。一个成功者不会错过任何一个学习的机会，即使是在店里扫地的时候，他也会观察老板是怎样和客人们打交道的，他总是在观察、学习、总结。也正是这种蛰伏的智慧，使得很多人在经历"蘑菇"岁月后脱颖而出，成为同一批员工中的佼佼者。

小刘刚进公司的时候，公司正提倡"博士下乡，下到生产一线去实习、去锻炼"。实习结束后，领导安排他从事电磁元件的工作。堂堂的电力电子专业博士理应做一些大项目，不想却坐了冷板凳，小刘实在有些想不通。

想法归想法，工作还要进行。就在小刘接手电磁元件的工作之后不久，公司出现电源产品不稳定的现象，结果造成许多系统瘫痪，给客户和公司造成了巨大损失。在这种严峻的形势下，研发部领导把解决该电磁元件问题故障的重任交给了刚进公司不久的小刘。

在工程部领导和同事的支持与帮助下，小刘经过多次实验，逐渐明晰了设计思路。又经过 60 天的日夜奋战，小刘硬是把电磁元件故障这块骨头啃了下来，使该电磁元件的市场故障率从 18% 降为零，而且每年节约成本 110 万元。现在，公司所有的电源系统都采用这种电磁元件。

这之后，小刘又在基层实践中主动、自觉地优化设计和改进了100A 的主变压器，使每个变压器的成本由原来的 750 元降为 350元，每年为公司节约成本 250 万元，并对公司的战略决策提供了依据。

这件事对小刘的触动特别大，他不无感慨地说道："貌似渺小的电磁元件，大家不去重视，我这样'气吞山河'的'英雄'在其面前也屡次受挫、饱受煎熬，坐了两个月冷板凳之后，才将这件小事琢磨透。现在看起来，之所以出现故障，不就是因为绕线太细、匝数太多了吗？把绕线加粗、匝数减少不就行了？而我们往往一开始就只想干大事，而看不起小事，结果是小事不愿干，大事也干不好，最后只能是在这些小事面前束手无策、慌了手脚。电磁元件虽小，里面却有大学问。更为重要的是它是我们电源产品的核心部件，其作用举足轻重，非得潜下心、冷静下来不可，否则不能将貌似小小的电磁元件弄透、搞明白。做大事，必先从小事做起，先坐冷板凳，否则，在我们成长与发展的道路上就要做夹生饭。现在看来，当初领导让我做小事、坐冷板凳是对的，而自己又能够坚持下来也是对的。有许多研究学术的、搞创作的，吃亏在耐不住寂寞，总是怕别人忘记自己。由于耐不住寂寞，就不能深入地做学问，不能勤学苦练。他们不知道耐得住寂寞，才能不寂寞。耐不住寂寞，偏偏寂寞。"

小刘的这段话适合于各行各业和各类人员，凡事想获得成功，都应该沉住气。先学会耐得住"蘑菇"时期的寂寞，先学会坐冷板凳，先学会做小事，然后才能做大事，才能取得更大的成绩。

老子说："轻则失本，躁则失君。"职场永远不会有一步登天的事情发生，不管你的能力有多强，你都必须沉住气，从最基础的工作做起。研究成功人士的经历就会发现，他们并不是一开始就"高人一等"、风光十足的，他们也曾有过艰难曲折的"爬行"经历，然而他们能够端正心态、沉下心来，不妄自菲薄，不怨天尤人。他们能够忍受"低微卑贱"的经历，并在低微中养精蓄锐、奋发图强，尔后他们才攀上人生的巅峰，享受世人的尊敬。试想，若不是当年的"低人一等"，哪里会有后来的"高人一筹"呢？

因此，对于大多数人来说，刚参加工作时必须消除不现实的幻想，我们应该认识到，没有任何工作是卑微且不需要辛勤努力的。年轻人应该磨去棱角，适应社会，不断充电，提升能力。要知道，无论多么优秀的人才，初次步入社会时都只能从最简单的事情做起。一个人，只有放下架子、沉得住气、打牢根基，才能在日后有所作为。

有所背负，反而能够走得更远

老子说："重为轻根，静为躁君，是以君子，终日行不离辎重，虽有荣观，燕处超然。奈何万乘之主，而以身轻天下？轻则失根，躁则失君。这几句话的意思是，厚重是轻率的根本，静定是躁动的主宰。因此君子终日行走，不离开满载行李的车辆，虽然有美食胜景吸引着他，却能安然处之，因其有备无患，所以行走自如，泰然自若。无奈，大国君主却以轻率躁动治天下，须知轻率就会失去根本，急躁就会丧失主导。

"重为轻根"的"重"字，可以理解为厚重、沉静的意思，重是轻的根源，静是躁的主宰。"终日行而不离辎重"，并非简单指旅途之中一定要有所承重，而是要学习大地负重载物的精神。大地负载，生生不已，终日运行不息而毫无怨言，也不向万物索取任何东西。生而为人，应效法大地，拥有为众生挑负起一切苦难的心愿，不可一日失去负重致远的责任心。

有人说，世界上只有两种动物能到达金字塔顶。一种是老鹰，还有一种就是蜗牛。

志在为圣贤的人，不是老鹰反而是那蜗牛，始终戒慎畏惧，有所承载，内心随时随地存着济世救人的责任感，而沉重的责任感正是它不躁进、不畏惧的保护壳，可以游刃有余地做到功在天下、万民载德，继而得到荣光无限的美誉。

有两个空布袋想要站起来，便一同去请教上帝。上帝对它们说，要想站起来，有两种方法，一种是得自己肚里有东西；另一种是让别人看上你，一手把你提起来。于是，一个空布袋选择了第一种方法，高高兴兴地往袋里装东西，等袋里的东西快装满时，袋子稳稳当当地站了起来。另一个空布袋想，往自己肚子里装东西，多辛苦，还不如等人把自己提了起来，于是它舒舒服服地躺了下来，等着有人看上它。它等啊等啊，终于有一个人在它身边停了下来。那人弯了一下腰，用手把空布袋提起来。空布袋兴奋极了，心想，我终于可以轻轻松松地站起来了。那人见布袋里什么东西也没有，便随手把它扔了。

道家的哲学，便看透了"重为轻根，静为躁君"和"祸者福之所倚，福者祸之所伏"这种自然正反博弈演变的法则，所以才提出"虽有荣观，燕处超然"的告诫。

虽然处在"荣观"之中，仍然恬淡虚无，不改本来的素朴；虽然燕然安处在荣华富贵之中，依然超然物外，不以功名富贵而累其心。保持平凡质朴，还原真实本色，才是真正的大人物。然而能够到此境界的人非常少，大多数人总以草芥轻身而失天下。

第二节

巧妙化解生活中的麻烦

沉默是应对流言最好的办法

"忍"字头上一把刀，受欺负难忍，受谩骂难忍，受侮辱难忍。不过最难忍的，当数误解。明明是一个好人，却被人误解为居心不良，这种伤害是刻在心上的，刀刀见血，疼痛不堪。

世人最多承受几句谩骂就到了隐忍的极限，高僧大德却能忍人所不能忍，让我们看到何谓人性的坚韧。

月船禅师不仅是一位有名的禅师，而且是一位绘画高手。他的画贵得出奇，并且他有一个习惯，就是要先收钱再作画。

有一天，一位女子请月船禅师作画，月船禅师问："你能付多少酬劳？"女子回答："你要多少就付多少，但要在我家当众作画。"

月船禅师答应了，原来那女子家中正在宴请宾客。月船禅师当众作画之后，拿了酬劳正想离开。那女子却对客人说道："这位画家只知道要钱，画得虽好，但其中透着金钱的污秽，这种画是不值得挂在客厅里的，它只能用来装饰我的一条裙子。"说着便将自己的一条裙子脱下，当众要月船禅师在上面作画。

月船禅师仍不动声色地问道:"你出多少钱?"女子答道:"随便你要。"月船禅师又要了一个高价,然后平心静气地在那女子的裙子上作起画来,作完之后便若无其事地离开了。

别人听说此事非常纳闷,月船禅师衣食无忧,为什么如此看重金钱?只要给钱,好像受任何侮辱都无所谓,真是不可思议。最后真相大白,原来,月船禅师禅居之地常发生灾荒,而富人不肯出钱赈灾,因此他准备建造一座粮仓,以备不时之需。

同时,月船禅师之所以这样做,也是想完成师父的遗愿——建造一座寺院,但他又不愿一味等待他人的布施,只好以作画筹集资金。此愿望完成之后,他便退隐山林,不再作画。

一位受人敬仰的禅师,能在人前受此侮辱,一方面是因为禅师的修养极好,一方面是因为他认为自己的行为有意义,不在意别人的侮辱。月船禅师为了给贫苦的民众筹钱而作画,知道自己的忍耐对穷人的生活有重大意义,因而即使出钱的女子当众侮辱他,他依然不为所动。他坚持的是自己的理想和信念。

弘一法师在世时经常对弟子们说的一句话便是"遇谤不辩",并且一再地告诫弟子们在面对诽谤时一定要保持应有的理智。

做人如果能够将外界的闲言碎语当作耳边的一阵风,任它吹来,任它吹去,不为所动,就会省却很多烦恼,拥有一个清静圆满的人生。

提高自己是反击别人最好的方式

如何才能更好地发展自己,走出被折磨的困境?是反击那些折磨你的人,还是反过来更好地充实自己?显然,充实自己是一种更好也更有效的策略。

曾经有人这样说，我们出生时之所以哇哇大哭，是因为我们预知生命必然充满痛苦。

人生是充满了痛苦，那我们应该通过怎样的努力使自己离开这个世界的时候能够不再悲伤呢？方法只有一个，那就是不断充实自己、战胜苦难，使生命取得它应有的辉煌。

一切都要靠自己用心灵去体验，无论痛苦有多难忍受，你都不要放弃，正因为这些苦难，我们才更坚强、更勇敢。多充实自己，人生就会多一分精彩。

成功学大师戴尔·卡耐基刚开始拓展事业的时候，经常在全国各地巡回演讲，举办一些成人教育班和座谈会。

某次活动，来了一位纽约《太阳报》的记者，他后来在报道中毫不留情地攻击卡耐基和他所热爱的工作。

这对年轻气盛的卡耐基来说，不只是一桶泼在头上的冷水，简直是一桶恶臭难当的馊水。

卡耐基看了报纸，越想越恼火。这些文字侮辱了他的人格、他的理想，以及他全心全意专注的事业，这个记者根本是在刻意扭曲事实。

盛怒之下，卡耐基马上打电话给《太阳报》执行委员会的主席，要求刊登一篇声明，以澄清真相。

是可忍，孰不可忍？卡耐基当时只有一个念头，就是一定要让犯错的人受到应有的惩罚。

几年之后，卡耐基的事业规模越来越庞大，他不禁为自己当时的幼稚行为感到惭愧。

因为，他意识到当时气冲冲地发表文章，想要借此昭告天下、澄清事实，但是实际上，看那份报纸的人也许当中只有 1/10 会看到那篇文章；看到那篇文章的人里面可能有 1/2 会把它当成一件微不足道的小事，而真正注意到这篇文章的人里面，又有 1/2 会在几个礼拜之后把这件事忘得一干二净，如此一来，刊登这篇文章有什么作用呢？

经过一番思考，卡耐基的处世态度更为成熟，他明白了这样一个道理：在你的能力范围内，尽可能做你应该做的事，然后把你的破伞收起来，免得任意批评你的雨水顺着脖子向背后流下去，当你不停地充实自己，那些攻击你的人就会不攻自破了。

面对别人的批评指教，你可以回敬同样的"礼数"，这也许会使你的怨气得以宣泄，却不会让你有更好的名声。因为，当你反击对手，为自己平反时，你还是同一个你，根本没有一点进步：喜欢你的人依然喜欢你，不接受你的人还是不接受你。

这就像生气地把一块大石头丢进海水里，只会有一瞬间的水花，转眼却又风平浪静。

多充实自己，你就会像一座山一样，慢慢高过所有的山，甚至高过空中的白云。

不要锋芒毕露

作为一个人，尤其是一个有才华的人，要做到不露锋芒，才是聪明之举。我们要学会低调处事，不要争强好胜，改掉骄傲自大的毛病，凡事不要太张狂、太咄咄逼人，要有谦虚做人的美德。正所谓花要半开，酒要半醉，鲜花在盛开得太过娇艳的时候，往往会被人采摘，这就是衰败的开始。

人生也是这样，当志得意满时，切不可目空一切、不可一世，因为这样更容易引起别人的嫉妒，所以，无论你有怎样出众的才智，一定要谨记，不要把自己看得太重要了，实实在在地做人，在风平浪静中展露你的才华。

郑庄公准备讨伐许国，开始打仗以前，他先在国都组织比赛，挑选先行官。众将知道这个消息后明白自己露脸立功的机会来了，于是都跃跃欲试，准备一显身手。

第一个项目是击剑，众将在比赛中都使出浑身解数，只见短剑飞舞，盾牌晃动，斗来斗去，经过轮番的比试，最后选出六个人来参加下一轮比赛。

第二个项目是射箭，取胜的六名将领各射三箭，以射中靶心者为胜，这个时候有的人射中靶边，有的人射中靶心。第五位上来射箭的是公孙子都，他武艺高强，年轻气盛，从来不把别人放在眼里，只见他搭弓上箭，三箭连中靶心，众人都欢呼鼓掌，只见他昂着头，瞟了最后那位射手一眼，就退了下去，此时公孙子都的心里已经开始盘算着谢恩的事了。等到最后一位射手上场时，大家才发现这是一个胡子有些花白的老头儿，他叫颍考叔，因为曾劝庄公与母亲和解，所以，庄公一直都很看重他，颍考叔上前看了看，不慌不忙地开始射箭，嗖嗖嗖三箭，都连中靶心，与公孙子都射了个平手，这样一来最后只剩下两个人，于是庄公就派人拉出一辆战车来，说："你们二人站在百步开外，同时来抢这辆战车，谁抢到手谁就是先行官。"公孙子都轻蔑地看了一眼对手，哪知跑了一半时，公孙子都却脚下一滑，跌了个一跤，等到他爬起来时颍考叔已抢车在手，公孙子都看到后不肯服气，提了长戟就来夺车，颍考叔知道此人的意图，便拉起车飞步跑了，这个时候庄公忙派人阻止并宣布颍考叔为先行官。

颍考叔果然不负庄公之望，在进攻许国都城时，手举大旗率先从云梯冲上许国都城城头，眼见大功告成的时候，公孙子都忌妒得牙齿咯咯响，竟抽出箭来，瞄准颍考叔一下射中其心脏，颍考叔从城头上栽了下来，大将瑕叔盈以为颍考叔被许兵射中身亡了，于是他忙拿起战旗，又指挥士兵冲城，终于拿下了许都。

颍考叔就是因为锋芒显露才遭此下场的。的确，一个人如果锋芒太露，不懂得适时收敛，就很容易为自己埋下祸根，当一个人骄傲自得地展现自己才华的时候，危机也就布满了四周，所以，我们要懂得抱愚守拙。

花要半开，酒要半醉。人生在世，要懂得抱愚守拙，这是一种智慧。

第三节

拒绝凡事过于较真的生活方式

适当地放松自己

适当地放松一下自己，其目的是为了缓解疲劳。当今社会，各种压力让我们不敢懈怠，每天都在为工作和生活奔波忙碌。适当地自我放松，可以有效地舒缓紧张的状态，保持健康的身心。

自我放松，还要选择一个适合自己的方式。如果在你工作中取得了成绩或者成功完成了一件自认为值得的事情，这时，你就可以给自己一点奖励。为了帮助你选择最为适合的放松方式，这里提供几种，可供选择。

★泡热水澡或泡温泉

水是上帝赐给人类最好的礼物，它让人感觉舒适，洗掉一身的疲惫，驱走人们心中的忧虑与压力。人们忙碌一天之后，晚上总是习惯洗个热水澡，当水流从喷头中喷出的时候，全身都感到舒畅。

如果你是一个有心的人，可以在水中放些鲜花，点上一些带香气的蜡烛，让香气借着水蒸气在室内弥散。此时，全身的肌肉和大脑迅速放松，心情马上变得愉悦起来，一切不愉快的事情都离你远去了。

★定期进行按摩或美容

按摩能令你身心得到放松。一个好的按摩师，不仅能让你的身体放松、驱走疲劳，还可以改变你目前的状态。

一个好的按摩师能让你感觉到身上的束缚少了，人越来越放开，身上的伪装少了；毒性物质被排出，心中的快乐增多了。如果你有不好的情绪，也会因此而释放出去。

定期按摩的效果最好。一周一次是比较理想的，哪怕是一个月一次，也有积累能量的作用。要从思想上重视起来，除非有特殊的紧急事件发生，否则不要轻易更改时间。

除了进行按摩之外，你还可以感受一下美容服务：修指甲、足疗、敷体、香薰！它们让你的身体和心情得到改善。

★做一些没有精神压力的活动

平时的工作生活或多或少给了我们不种程度的压力。到了周末，你就不要再让自己陷入这种紧张的状态之中了。最好是关掉手机，清理大脑，彻底关闭思维，让自己单纯地做些没有精神压力的事情。

你可以翻看一本杂志；窝在沙发里看泡沫剧；闭目聆听几首轻音乐；甚至整个下午无所事事。反正就是暂时忘掉这个世界和你个人的烦忧，让自己进入思想封闭的状态，不做任何事，也不想任何事。这种放松方法对健康很有好处。

也许你有放松自己的其他方式，只要能达到舒缓情绪的目的就可以。以上三种方式，未必适合所有人，但你可以通过尝试进行比较，并选出最适合自己的一种，然后定期进行自我放松，从而达到保持身心健康、轻松生活的目的。

过于计较得失其实是跟自己过不去

生活不会永远一帆风顺，正因为如此，我们的生活才有滋有味、绚丽多彩。在跌宕起伏中保持一颗平常心很重要，不以物喜，不以己悲，宠辱不惊，去留无意，在平淡中给自己一份力量，在喧闹中给自己一份宁静。

许多人都在成功路上追求大智大勇，认为智慧之花盛开在高大处、深刻处，却不知道拥有一颗平常心，真心待人，才是真正的处世智慧。

卡耐基说过，一个人只要改变自己的想法，就能改变自己的生活，就能够消除忧虑和恐惧，就能体会到生活中的快乐。所以，我们从生活中所得到的快乐，并不在于我们在哪里、我们有什么、我们是什么人，而只是在于我们的心境如何，与外在的条件没有多少关系。

快乐是一种独特的体验，只要乐趣真实常在，无论雅俗都会活得有滋有味，也用不了太多的心思，你就会发现活着本来就不错。即使是真正遇上不称心的事，也别跟自己过不去，这样你便能从容应付、潇洒地走出困境。

做人不可过于执着

也许，在智者的眼里，一切都是简单的。就像初生的婴儿一般，无喜无忧、无虑无惧、无他无我。所以，智慧的本质并不是复杂，而是简单。

古时候，有一个人犯了法，一名差役负责押送他去往流放地。路上，差役非常谨慎，生怕犯人会从自己手里逃脱。他心思缜密，每次打盹儿休息的时候，不仅对犯人寸步不离，而且常常清点随身物品，每次清点都会自言自语："犯人还在，公文还在，佩刀还在，枷锁还在，包袱还在，雨伞还在，我也在。"犯人每每听到他反复念叨都忍俊不禁，同时也在暗暗寻找逃跑的机会。

快到流放地的时候，犯人觉得一路上差役奔波劳苦，自己心里颇感不安，于是一定要出钱请差役好好吃一顿，以示感激与歉意，并保证说自己绝对不会逃跑。想到马上就要到达驻地了，差役也放松了警惕。在犯人不断的劝说与奉承下，差役不但与犯人吃了酒，而且很快就酩酊大醉。于是，犯人摸来差役的钥匙，打开了枷锁，临走前想起了差役每次的念叨，不由兴起，想跟差役开个玩笑，于是把枷锁全部戴在了差役的身上。

差役大醉醒来，吃惊不小。但是，他低头看到了自己身上的枷锁，顿时释然，马上欣慰地说："犯人还在！"继而习惯性地清点起来："公文还在，佩刀还在，枷锁还在，包袱还在，雨伞还在，我还……我呢？"差役找了半天，也没找到自己在哪儿。于是，他越来越不知所措，逢人就问："你看见我了吗？"

在这个引人发笑的故事中，差役之所以到最后搞不清楚自己是谁，主要就是因为他过分执着于表面的盘点，只记得点数每一个位置，却不知道自己已经"错位"很久了。在现实生活中，很多人都会陷入这样的境地，过分执着于自我的得失，便会常常与周围的人斤斤计较。久而久之，就会患得患失，迷失自己。这样的人，面对财富、成功、爱情和人生时，得到的话就会欣喜若狂，失去的话就会一蹶不振。说到底，都是太在乎的原因。

只有真正做到"不拿自己当回事儿"，才不会介意别人的评价，才能将姿态放低、心态放平、视野放宽。唯其如此，我们才不会因为自己的喜乐而苛求别人的完美，也不会因为他人的优秀而难为自己。

唯其如此，方能心游万物而开朗达观，心处闹市依然淡定自如。

不要"拥有"要"用有"

每个人都希望拥有自己的房子，但如果不能和至爱、家人住在一起，别墅也就没有了家的感觉；每个人都希望拥有自己的田产，但若不在其上播撒种子，一块荒地也就失去了存在的意义；每个人都希望能拥有巨额的财富，但如果只是紧紧握在手中而不使用，一张永远不能支取的存折的价值又在哪里呢？

从前，有一对兄弟，自幼失去了父母，相依为命，家境十分贫寒。他俩终日以打柴为生，生活十分艰苦。即便如此，兄弟俩也从来没有抱怨过，他们起早贪黑，一天到晚忙得不亦乐乎。哥哥照顾弟弟，弟弟心疼哥哥，生活虽然艰苦，但过得还算舒心。

观世音菩萨得知了他们二人的情况，为他们的亲情所感动，决定下界去帮他们。菩萨来到兄弟俩的梦中，对他们说："远方有一座太阳山，山上撒满了金光灿灿的金子，你们可以前去拾取。不过路途非常艰险，你们可要小心！并且，太阳山温度很高，你们一定要在太阳出来之前下山，否则，就会被烧死在山上。"说完，菩萨就不见了。

兄弟二人从睡梦中醒来，非常兴奋。他们商量了一下，便起程去了太阳山。一路上，他们不但遇到了毒蛇猛兽、豺狼虎豹，而且天空中狂风大作、电闪雷鸣。兄弟俩咬紧牙关，团结一致，最终战胜了各种艰难险阻，来到了太阳山。

兄弟俩一看，漫山遍野都是黄金，金灿灿的，照得人睁不开眼。弟弟一脸的兴奋，望着这些黄金不住地笑，而哥哥只是淡淡地笑。

哥哥从山上捡了一块黄金，装在口袋里，就下山去了。弟弟捡了一块又一块，就是不肯罢手。不一会儿整个袋子都装满了，弟弟还是不肯住手。此时，太阳快出来了，可是弟弟仍在不住地捡。

一会儿，太阳真的出来了，山上的温度也在渐渐升高。这时，弟弟才慌了神，急忙背着黄金往回跑，无奈金子太重，压得他根本跑不快。太阳越升越高，弟弟终于倒了下去，被烧死在太阳山上。

哥哥回家后，用捡到的那块金子当本钱，做起了生意，并且时常资助身边需要帮助的人。后来哥哥成了远近闻名的大富翁和慈善家。

这个故事中，弟弟一心"拥有"，而哥哥聪明"用有"；前者因贪得无厌而命丧黄泉，后者却因"不贪"享受到了财富带来的福报。

金钱是人们满足自身物质需求的重要手段，常人对金钱的渴望就如同对物质享受的贪恋。人人都想"拥有"，这无可厚非，但问题在于多数人的欲望没有止境，填饱了肚子，又求珍馐；娶了娇妻，又想美妾；有了房舍，又求华厦；谋得一职，又求升官；得到千钱，又求万金……宝贵的一生就在这无止境的追求"拥有"中，苦恼地度过了。

我们要赚钱，要理财，要掌控金钱，这都是因为金钱能让我们生活得更好。我们不能为了赚钱而赚钱，再多的金钱也仅仅是手段，把日子过好才是我们的目的。

第六章

逆商与自我重建：
在困境中实现人生突围

第一节

自助者天助，做自己的救世主

充满自信，挖掘出自我的宝藏

其实，每个人都有一座宝藏，这座宝藏就是我们自己。挖掘出自我的宝藏，我们的人生会因此而变得富有。

犹太人有一句这样的格言："请勿忘怀身边的宝藏。"而这个宝藏就是你自己，只有你才有主宰自己命运的权利与能力。能够掌控你人生的人，不是你的上司，不是你的同事，不是你的父母，也不是失败，而是你自己。许多人出发寻找宝藏，殊不知宝藏就埋藏在自己家！

有一个失意的人即将离开他居住多年的城镇，搬到一个陌生的地方去讨生活。临行前，他去拜访镇上的智者，并请智者给他一些忠告。

智者给他讲了一个这样的故事：

有个住在柏林的犹太人，每天都梦见在符腾堡的一个碾房的地下埋藏了许多等待他去挖掘的宝物。终于有一天，他抑制不住自己的好奇心，决定次日一早便去挖掘宝物。

第二天早晨天未破晓，他就已经起床准备好了，然后一路向符腾堡进发。经过几日辛劳地奔波，终于到了符腾堡。然后又几经寻找，终于找到了梦中的那个碾房。之后，他立刻仔仔细细、小心翼翼地开始挖了起来，可是几乎挖遍了碾房，仍然没有掘出任何值钱的东西。

碾房的厂主闻声而至，问他为什么在此地挖掘。当房主听完这人说明缘由后，突然高声大叫：'太奇妙了，我也经常梦见一个住在柏林的人，而他的院子里也埋着许多宝贝。'

厂主不但这么说，甚至还指出梦中那个人的名字，说来也真凑巧，这正是那个犹太人的名字啊！

于是犹太人立刻马不停蹄地回到柏林，好不容易到家之后，赶忙挖掘院子，结果他真的从自己的院子里挖出许多宝物来。

听了智者讲的故事后，这个人突然明白了，其实自己一直以来失意，并不是环境造成的，如果自己不改变，就算搬到另一个城镇也不会有变化。其实自己的院子里也埋藏了许多宝物，只是自己没有去挖掘而已！于是他决定不搬家了，留在这里重整旗鼓。

所以说，每个人都有一座宝藏，但区别在于你是否去发掘它。当你千辛万苦地奔波在寻找远方宝藏的路上时，请你看看自己的宝藏吧。

人生是一个不断寻找、创造财富的过程。人生的财富不仅仅是金钱，还包括健康、快乐、亲人、朋友，等等。哲学家布伦说："我们只有一种忧虑，就是害怕失去人生的财富；我们只有一个欲望，就是渴望得到它。"佛说："人一生所做的行为无外乎苦和苦的终止，乐和乐的持续；除此，再没有别的了。"而无论财富也好，欢乐也好，宝藏的根源就在我们的心里。

要发掘自己的宝藏，就要相信自己，要相信自己是有价值的。这种价值表现在我们能够为社会、为他人创造价值。只有相信自己的价值，才会把握住自己的个性，相信自己的价值具有独特性，而不会在乎别人怎么评价自己。如果你连自己都不信任，那么你怎么能改变自己的处境，掌握自己的命运呢！

5 年前，斯蒂芬·楚门经营的是小本农具买卖。他过着平凡而又体面的生活，但并不理想。他一家的房子太小，也没有钱买他们想要的东西。楚门的妻子并没有抱怨，很显然，她只是安于天命而并不幸福。但楚门的内心深处变得越来越不满。当他意识到爱妻和他的两个孩子并没有过上好日子的时候，心里就感到深深的刺痛。

但是今天，一切都有了极大的变化。现在，楚门有了一所占地2 英亩的漂亮的大房子。他和妻子再也不用担心不能送他们的孩子上一所好的大学了，他的妻子在花钱买衣服的时候也不再有那种痛苦的感觉了。这一年夏天，他们全家都去欧洲度假。楚门过上了真正的生活。

楚门说："这一切的发生，是因为我开掘出了自己的宝藏。5 年前，我听说在底特律有一个经营农具的工作。那时，我们还住在克利夫兰。我决定试试，希望能多挣一点钱。我到达底特律的时间是星期天的早晨，但公司与我面谈还得等到星期一。晚饭后，我坐在旅馆里静思默想，突然觉得自己是多么失败。'这到底是为什么！'我问自己，'失败为什么总属于我呢？'"

楚门不知道那天是什么促使他做了这样一件事：他取了一张旅馆的信笺，写下几个他非常熟悉的、在近几年内远远超过他的人的名字。他们取得了更多的权力和工作职责。其中两位楚门曾经为他们工作过，另外两个原是邻近的农场主，现已搬到更好的地区去了，最后一位则是他的妹夫。楚门问自己：这5位朋友拥有的优势是什么呢？他把自己的智力与他们做了一个比较，楚门觉得他们并不比自己更聪明，而他们所受的教育，他们的正直、个人习性等，也并不具有任何优势。终于，楚门想到了另一个成功的因素，即自信心。楚门不得不承认，他的朋友们在这点上胜他一筹。

当时已快凌晨3点钟了，但楚门的脑子十分清醒。他第一次发现了自己的弱点。他深深地挖掘自己，发现缺少自信是因为在内心深处，他并不看重自己。楚门坐着度过了残夜，回忆了过去的一切。从他记事起，楚门便缺乏自信心，他发现过去的自己总是在自寻烦恼，自己总对自己说不行，不行，不行！他总在表现自己的短处，几乎他所做的一切都表现出了这种自我贬值。终于楚门明白了，如果自己都不信任自己的话，那么将没有人信任你！

于是，楚门做出了决定："我一直都是把自己当成一个二等公民，从今后，我再也不这样想了。别人能做到的我也能够做到！"

第二天上午，楚门保持着那种自信心走进公司。他暗暗以这次与公司的面谈作为对自己自信心的第一次考验。在来底特律以前，楚门希望自己有勇气提出比原来工资高750 ~ 1000美元的要求。但经过这次自我反省后，楚门认识到了他的自我价值，因而把这个目标提到了3500美元。结果，楚门达到了目的。他获得了成功。

从此，楚门的命运改变了，凭着自信心，他走上了成功的道路。他感叹说："原来，我身上竟埋藏着如此巨大的宝藏，这是我以前从未料到的！"

自信就是自己信得过自己，自己看得起自己；能把自己看作宝藏，就能发掘自我的宝藏。楚门的经历告诉我们，如果你真的相信自己，并且深信自己一定能实现梦想，你就真的能够实现你所想。人们常常把自信比作发挥主观能动性的闸门、启动聪明才智的马达，这是很有道理的。

发掘自我的宝藏就要正确评价自己，发现自己的长处，肯定自己的能力。只要发挥出自己应有的能力，许多看似不可能的事情都会变为现实。所以，请相信宝藏就埋藏在自己家里，宝藏就是你自己，只要你能将它发掘出来，成功也就离你不远了。

"行动主义"为你增添力量

种下行动就会收获习惯，种下习惯就会收获性格，种下性格便会收获命运。

人们常常对那些精力充沛、善于利用时间的人很羡慕。同样是一双手，为什么他们能创造令人羡慕的财富？同样都有 24 个小时，为什么他们能将这 24 个小时当作 48 个小时来用？他们在完成工作的同时，还能从容惬意地享受生活；而你，却只能永远地拒绝朋友们的邀约，因为一天的工作已经耗尽了你的精力，更加不能忍受的往往是老板给你的最后期限已经步步紧逼，可是工作依然没有完成。这究竟是为什么？

俗话说"一懒百病生"。其实，人的许多恶劣品质都是由懒派生的。而克服懒惰的唯一办法就是"行动主义"。"行动主义"就是要求你立刻行动起来，不要浪费时间，要珍惜时间、节约时间，今天的事应该今天完成，不要拖到明天。学会将时间据为己有，善于抓住机会，每一个机会都不要轻易浪费，这会使你的工作更加精彩。

巴菲特是美国投资界的重量级人物。他极好的人缘、精明的头脑、果断的作风，为人们所称道。

巴菲特从小就显露出他的投资奇才。11岁时他就用零花钱买了3股城市服务公司的股票，不久股价上升，但他急忙抛出，结果只赚了5美元。但后来该股狂升，巴菲特后悔不迭，由此他得出深刻的教训，如果对某只股票有信心，就要坚持到底，不管买后是升还是降。所以，巴菲特后来买进股票，都保持了十年八载之久。他严格按照自己这种投资信条买卖股票，在其初中毕业时，就赚了不少钱，并在拉斯维加斯州购置了一个面积40亩的大农场。

在20世纪70年代，当传播事业和广告业处于低潮时，巴菲特却出人意料地大举购进了包括华盛顿邮报、美国广播公司在内的多只股票。他似乎有点石成金的力量，当他买进股票后，股价便直线上升，又使巴菲特发了一笔大财。

最为人津津乐道的，就是他收购哈萨维公司的股票。巴菲特在1965年购入该公司股票时，每股只值12美元，此后股价一路上扬，到了90年代每股已经飙升到了8500美元，26年来升值逾708倍，成为纽约证券交易所每股价格最高的股票。

当有人问巴菲特投资成功的奥秘何在时，他说："做股票投资，最重要的就是投资时一定要果敢，切忌犹犹豫豫，该买进时要立刻买进，该抛出时就要立刻抛出。"

投资是致富的一条捷径，但投资失误也会血本无归。如巴菲特所说，投资成功的奥妙就在于要果敢，在于"行动主义"。在投资时，如果前怕狼后怕虎，犹豫不决，就会错过许多机遇。

我们都希望有一笔巨大的财富，我们都渴望成功，我们甚至想得到别人没有的东西，可是有多少人立刻行动起来了呢？投资之道是如此，做事之道也是如此。许多人浑浑噩噩、不思进取，他们毫不吝惜地浪费时间，做起事来拖拖拉拉，这样的人永远不会有所作为。可是，他们又极度渴望成功，这种矛盾的心理冲突造就了浮躁的作风。尽管我们知道成功是急不得的，但如果不立刻行动起来，永远都不会成功。

　　每个人都有非常美丽的梦想，但只有少数人将梦想变成了现实，而有的人只能永远与梦想相伴。一个声音说，我要将成绩提高到班级前三名；另一个声音说，这不可能，你不够聪明，你条件不好。一个声音说，我想要考上大学；另一个声音说，那么多人要考大学，你竞争不过的。一个声音说，我想考上研究生；另一个声音说，你平时成绩也不怎么好，希望太小了，简直是浪费时间。一个声音说，我想自己创业；另一个声音说，你一没资金，二没经验，三没市场，四没技术，等等吧，等到有了资金，有了经验，有了机会，再创业吧……

　　这些声音听起来，似曾相识，因为我们都曾有过这样的内心冲突。是的，我们每个人都可以拥有美丽的梦想，但并非每个人都能真正实现，因为没有立即行动起来。

　　其实，如果我们下定决心立刻去做，往往就会激发我们的潜能，往往就会使你最热望的梦想实现。杰拉德·卡德拉正是如此。

　　卡德拉非常喜欢打猎和钓鱼，他最喜欢的生活是带着钓鱼竿和猎枪步行 25 公里到森林里，过几天以后再回来，筋疲力尽，满身污泥而快乐无比。

　　这类嗜好唯一的不便是，他是个保险推销员，打猎、钓鱼太花时间。有一天，当他依依不舍地离开心爱的鲈鱼湖，准备打道回府时突发异想：在这荒山野地里会不会也有居民需要保险？如果有的话，那我不就可以在工作的同时又可以户外逍遥了吗？

想到这个主意之后，他立刻着手调查，结果他高兴地发现果真有这种人：他们是阿拉斯加铁路公司的员工，散居在沿线250公里各段路轨的附近。那么，他可不可以沿铁路向这些铁路工作人员、猎人和淘金者拉保呢？卡德拉就在想到这个主意的当天开始积极计划。他向一个旅行社打听清楚以后，就开始整理行装。他没有停下来让恐惧乘虚而入，没有自己吓自己说这会使以后认为自己的主意很疯狂，也没有认为自己一定会失败。他不左思右想找借口，他只是搭上船直接前往阿拉斯加的"西湖"开始行动。

到了阿拉斯加之后，卡德拉沿着铁路走了好几趟，那里的人都叫他"步行的卡德拉"，他成为那些与世隔绝的家庭最受欢迎的人。同时，他也代表了外面的世界。不但如此，他还学会理发，替当地人免费服务。他还无师自通地学了烹饪。由于那些单身汉吃厌了罐头食品和腌肉之类，他的手艺当然使他变成最受欢迎的贵客，而他的保险事业当然也进行得异常顺利。而同时，他也正在做一件自然而然的事，做自己想做的事：徜徉于山野之间、打猎、钓鱼，并且正像他所说的那样过着"卡德拉的生活"。结果，他一年之内就做成了百万元的生意。在人寿保险事业里，对于一年卖出100万元以上的人设有光荣的特别头衔，叫作"百万圆桌"，于是卡德拉成为"百万圆桌"中的一员。

在杰拉德·卡德拉的故事中，最能打动我们的是，他把突发的一念付诸行动，在动身前往阿拉斯加的荒原以后，在沿线走过没人愿意前来的铁路以后，通过自己的努力而赢得"百万圆桌"上的一席之地。而我们可以设想，如果他在突发奇想后并没有立刻行动起来，任凭机会溜走，那么这一切肯定都不可能发生。

所以，"行动主义"能像帮助杰拉德·卡德拉那样，帮你把握住每一个稍纵即逝的机会，走向成功之路。它影响着你生活中的每一部分，它可以帮助你去做该做而不喜欢做的事，在遭遇令人厌烦的职责时，它可以教你不推脱延宕。所以，请奉行"行动主义"，该做的事情现在就去做吧！

热情点燃成功的火焰

当你被欲望控制时，你是渺小的；当你被热情激发时，你是伟大的。

能力、忠诚、敬业、态度——所有这些特征，对准备在事业上有所作为的年轻人来说，都是不可缺少的，但是更不可或缺的是热情——将奋斗、拼搏看作人生的快乐和荣耀。热情是真诚的精髓，它不仅能激励自己，更能感染他人。你只要稍加注意，就会发现在世界历史中，每一个伟大的胜利都是某种热情的结果。对于成功者来说，尤其如此。

著名音乐家亨德尔年幼时，家人不准他去碰乐器，不让他去上学，哪怕是学习一个音符。但这一切又有什么用呢？他每天半夜里都悄悄地跑到秘密的阁楼里去弹钢琴。

莫扎特孩提时，每天要做大量的苦工，但是到了晚上他就偷偷地去教堂聆听风琴演奏，将他的全部身心都融入音乐之中。

富兰克林说过："没有热情，不可能赢得任何一场竞争。"热情是一种伟大的力量，它可以补充你的精力，并发展出一种坚强的个性，它能给你以信心和动力，带领你迈向成功。

英国政治家本杰明·迪斯雷利说过："当一个人因热情而行动，他才真的伟大。"多一点热情，人生就会大不一样。

有个商人生意一直不顺利，最后破产了。他心灰意冷，用剩下的钱在郊区给自己买了块墓地，一心等死。谁知他刚买下墓地没多久，政府计划修路，而他的墓地正好处于道路的十字路口。这一带的地价暴涨，商人通过卖墓地，居然发了一笔财。

"我买墓地都能发财，看来我注定是要做大事的"——这样一想，商人充满了希望，热情被激发出来了，开始用卖墓地的钱投资房地产，短短几年的时间里，他就成为了著名的房地产商。

阿诺德说："没有了热情，你能打动谁？世界上最糟糕的破产就是一个人丧失了热情。"没人愿意整天和一个没精打采、冷若冰霜的人打交道，也没有哪一个领导愿意提升一个毫无热情的下属。热情是战胜所有困难的强大力量，它使你保持清醒，使全身所有的神经都处于兴奋状态，去进行你内心渴望的事。高度的热情是成功的诀窍，爱迪生连结婚时都想着自己的发明创造，怎么会不成功呢？

所以，要想获得成功，无论你的才能、知识多么卓著，如果缺乏热情，成功只能是空中楼阁。当你做好成功的准备的时候，你不妨问问自己，自己有足够的热情去获取成功的喜悦吗？

拿破仑说过："如果你拥有热情，那几乎就所向无敌了。"有人用补品来维持精力，有人一天到晚都无精打采。只有热情才能使人神采奕奕，精力过人。充满热情和活力，别人就会被你吸引，因为人们总是喜欢跟积极乐观的人在一起。而没有热情，无论你拥有什么能力都发挥不出来。要想获得最大的成功，你必须拥有最大的热情，来发挥自己的才能。

一个人的热情就如同油灯上的火焰，给它加油，它便能一直燃烧下去。热情来自远大的目标和对工作的乐趣。培养热情最好的方法就是，心存"热情"之念，热爱生活，热爱工作，用行动表现热情。凡事不做则已，做就必定全力以赴，以最大的热情行动到底。那么，如何才能让热情之火不灭呢？卡耐基提出了以下几个建议。

1. 热爱生活，热爱工作，保持好奇心；

2. 做事要充满热情；

3. 多传播好消息，多想想开心的事情；

4. 培养"我很重要"的态度；

5. 让自己行动起来，行动表现出来的热情才最有说服力；

6. 坚持锻炼，身体健康是产生热情的基础；

7. 认为自己是天生的优胜者，要自信点！

8. 要用希望和梦想来激励自己。

最后请记住：热情是世界上最有价值的感情，也是最有感染力的情绪。热情增加一点点，人生就大不一样。充满激情，最后你自己也将被激情点燃，没有任何东西能阻止你成功的脚步。你的生活也会因为热情而多姿多彩！

学会激励自己，给自己打气

学会激励自己，自我期望的程度越大，取得的成就就会越大。

如果沉在海底的话，一枚硬币和一枚价值连城的金币是一样的。只有将金币打捞上来，并且去使用它，才能显出它的价值。同样的道理，当你学会激励自己发挥潜能时，你才变得真实而有价值。

很多人不相信他们自己有能力实现愿望，因而他们也从不激励自己，反而是在关键时刻告诉自己："你不行的，还是别做白日梦了""我天生就是如此，再努力也没用了"……这些消极的语言不仅使他们丧失了自信，同时也封住了他们的潜能。成功者总是那些拥有积极心态并且善于激励自己的人。

卡耐基说过："不能激励自己的人，一定是个平庸的人，无论他的才能如何出色。"激励是我们生活的驱动力量，它来自一种希望成功的愿望。没有成功，生活中就没有自豪感，在工作和家庭中也就没有快乐与激情。

激励的作用是强大的，它能说服和推动你去行动。行动就像生火一样，除非你不断给它加燃料，否则就会熄灭。激励就是行动的燃料，源源不断地为你提供行动的能量。时用时对成功的渴望来激励自己，作为新员工，你就会有足够的动力去战胜困难到达成功的彼岸。激励的力量是无穷的，它让你有勇气和能力面对一切困境，也足以使你彻底改变自己。

有一个名叫亨利·伍德的年轻人，刚开始做推销员。一天，他对老板说："我不干啦！"

"怎么回事，亨利？"老板问道。

"我不是干推销员的料，就这么回事！我总是不成功，我不想再干了。"

出乎意料的是，老板对他说："如果我没看错人，你的确是干推销员的好料子。我向你保证，亨利·伍德。现在你马上离开这里，当你晚上回来的时候，你争取到的订单一定比你这一生中任何一天所争取到的还要多。"

亨利看着老板，愕然无声。他的眼睛亮了起来，里面充满了斗志，然后转身离开了老板的办公室。

那天晚上，亨利回来了，脸上充满了胜利的神采，他创下了一生中最佳的纪录——而且从此以后一直如此。

这个故事告诉我们，学会激励自己，你认为自己行，你就一定行。

成功的关键就在于你要一直相信自己，同时要不时地激励自己。成功不属于那些妄自菲薄的人。它偏爱那些相信自己并时刻激励自己前行的人。

1. 可以通过各种信息来鼓励你自己、振奋你的精神。比如，背诵几句格言，或者阅读一些快乐有趣的小故事。当你周围充满鼓舞人心的事物时，就比较容易在事情发展不顺时继续前进并回到工作中。

2. 当你取得一些成就时，或者有进步时，不妨给自己一点奖励，满足自己的小愿望，鼓励自己取得更大的成就。

3. 将你所处行业的最顶尖的人士的照片贴在办公桌或者床头，暗暗立下目标：我一定要做得和他一样出色！

4. 不断地告诉自己，我可以做得更好，我可以让这份工作更具意义，那么你便能成为更加完美的员工。

5. 起床后就想象今天是完美快乐的一天。对于并不很乐观的人，只要坚信这一点，那事情就有可能沿着好的方向发展。这叫自我暗示。

6. 成功者在做事前，就相信自己能够取得成功，结果真的成功了，这是人的意识在起作用。人最怕的就是自己胡思乱想，自我设置障碍。做任何事，不要在心里制造失败。我们都要想到成功，要想办法把"一定会失败"的消极意念排除掉，增强自信心。

7. 每天只要花5分钟进行3次有意识的、积极的自我暗示。有规律的、积极的自我暗示能够快速改变一个人多年的习惯、态度以及思维方式。

8. 想象自己已经获得成功。成功者经常用这类暗示来提高自己的表现、康复身心和进行技巧的巩固。在上场之前，世界级的跳高运动员就常暗示自己已经跳过了横杆，而顶尖推销员在推销之前则经常想象他已经获得了订单。

没有谁能阻挡梦想

没有谁能阻挡梦想

一个人要想享受快乐人生，就要经受得住生活对你的考验。坚持自己的理想，幸福就是生活对你的奖赏。

有一个小孩还在蹒跚学步的时候，就对摄像机产生了浓厚的兴趣，会在摄像机前摆各种动作。4 岁的时候，他就开始了自己的电影生涯，在多部电影和电视剧中担任主角。6 岁的时候，他开始为电影写主题曲，并且演唱了好几部电影中的歌曲。9 岁的时候，这位天才般的童星又向一个新的领域发起了挑战：导演自己写的剧本。随着影片的拍摄工作即将结束，刚刚过完 10 岁生日的基桑成为世界上年纪最小的导演。

基桑出生于 1996 年 1 月 6 日。他的父亲回忆说，还在学走路时，小基桑就对摄像机产生了浓厚的兴趣。基桑的电影生涯是从 4 岁开始的，当时很多朋友都建议他父母送他去试镜。很快，基桑就在一部冒险电影《村里的仙女》中出演一个角色。在那之后，他又在一部每天播出的班加罗尔肥皂剧《潘都爸爸》中出演主角。很快，"基桑大师"就成了当地电影院最著名的童星。6 岁那年，基桑还为一部电影写了主题曲，结果广受欢迎。此外，他还负责演唱了好几部电影中的歌曲。

如今，"基桑大师"已经出演了 24 部电影以及 1000 多集著名电视剧。基桑表示，他最喜欢的演员是阿诺德·施瓦辛格和好莱坞大明星阿穆布·巴克强。

那么，是什么让基桑从一名演员转变为一名导演的呢？基桑回忆说，有一次，他在班加罗尔一条繁华的街道上与一些卖报的孩子交谈。他问这些孩子为什么不去上学，一些孩子回答说自己是孤儿；另一些则告诉他，如果没有赚到钱回了家就会挨打。

这次经历让基桑深受感触，他据此写出了一个短篇小说。基桑回忆说："我希望他们能去上学，我希望我的电影能让他们鼓起上学的勇气。"

在当地一些记者的帮助下，基桑将自己的短篇小说改写成了一个剧本，讲述了一个渴望上学的班加罗尔孤儿的故事。基桑说："我以前一直在演电影，但我一直都对导演很感兴趣。我的朋友们在读了剧本以后，都建议我把它拍出来。"

虽然只有 9 岁，又是第一次担任导演，"基桑大师"却请到了好莱坞老牌影星杰凯·希洛夫和绍拉·苏卡拉，以及获得全国大奖的女演员莎拉。

杰凯·希洛夫回忆说，当基桑向他描述这部电影时，他被深深地感动了，于是决定出演其中的一个角色。希洛夫说："他实在太有天赋了，让我没法拒绝出演他的电影。他总在不停地思考下一个镜头，不停地尝试创新，希望拍得更好。虽然他才 9 岁，但他完全知道自己想要演员做什么。"

由于工作繁忙，在拍摄电影期间，基桑每个月只能上 10 天学。在其他时间，则由他的秘书负责每天为他整理课堂笔记，好让他能跟上老师的进度。

虽然缺了很多课，但基桑一点都不比其他孩子差。他的英语和卡纳达语（印度当地的一种语言）都说得很好。

这部名为《C/0 小路》的电影，预算为 10 万英镑，达到了当地电影一般的水平。基桑的爸爸说，有很多制作人都想为这部电影出资，但他们最终决定还是由自己来负担这些费用，因为"我们知道它肯定会一炮打响的"。

如今，"基桑大师"成功导演电影的梦想即将实现。同时，他还被载入吉尼斯世界纪录，成为世界上年纪最小的电影导演。

可见，当一个人明白他想要什么并且坚持自己的理想，那么整个世界都将为他让路。

不放过每一次机会

在我们身边，许多偶然的事件之中蕴含着巨大的机遇，但是许多人熟视无睹，不予探究。细心观察，发现机遇，你才能做出一番成绩。因此，当上天赐予你一个机会时，一定要好好把握。

美国标准石油公司有一位叫阿基勃特的小职员。他有一个习惯，就是在自己所有的信件和账单上，甚至出差住旅馆签名的时候都要在自己的签名下方写上"每桶 4 美元的标准石油"。

久而久之，所有人都知道了这件事，同事就戏称他为"每桶 4 美元的标准石油"，反而淡忘了他的姓名。一个偶然的机会，公司董事长洛克菲勒听说了这件事，非常惊讶。他说：这样时刻为公司利益着想的员工，我一定要见见他。

于是，洛克菲勒邀请阿基勃特与他共进晚餐。在进餐过程中，董事长问阿基勃特为什么这样做。阿基勃特回答说：既然这是公司的宣传口号，我就想利用一切能利用的机会，多写一点，让更多的人知道而已。

这样时刻为公司利益着想、积极为公司创造利润的人，能不得到老板的器重吗？在董事长洛克菲勒离任以后，阿基勃特就当了第二任董事长。

所以，不要老是抱怨没有好的机会降临在你身上，不要老想着会有兔子撞到你面前。成功的机会无处不在，关键在于你是否能紧紧地抓住。聪明的人能从一件小事中得到大启示，有所感悟，化成成功的机会；而愚笨的人即使机会出现在他面前也茫然不知。机会，无处不在，无时不有，每天都在出现，有时候它就在你身边，只不过你没有发觉罢了。

有一位波斯商人名叫阿里·哈菲德，原本他在自己的农庄过着富裕而快乐的生活。但当他知道有钻石后，就发誓要走遍各地寻找钻石。

哈菲德把农庄卖掉后，把家人托付给邻居，拿上所有的钱，出发去寻找人人都想得到的宝藏，但游荡了数年一无所获。

他的钱已经花光了，不得不忍饥挨饿地回到家乡。买下他农庄的新庄主善良地接待了他。正当阿里·哈菲德坐在屋里吃饭时，突然看见园中水溪的白沙上有一道光芒闪过，他走过去捡起来一看，正是他千辛万苦要找的钻石！

这时，新庄主走了过来，说："像这样的石头，园子里还有很多。"他带着阿里·哈菲德又往前走了几步，用手指搅动白沙，露出了一颗颗更为精美的钻石。

举世闻名的哥尔卡达钻石矿就这样被发现了。假如阿里·哈菲德留在家中，在园子里挖一挖，而不是跑到异国他乡去圆发财梦，他早就成为世界巨富，因为他原来的农庄里到处都是珍贵的钻石。

所以，不要说什么"我没有机会"，创造的机会其实每天都会从你脑中冒出来。许多伟大的创造都是因为思想能把常见的东西用不常见的方法想出来。

每天成功一点点

要提高人生成功的概率，其实，每次成功一点点就可以了。

一位成功的企业家，在一次演讲时拿出许多五颜六色的皱纹纸带，分发给每一位听讲者，要求他们每人裁下一段 30 厘米的纸带——只能用目测，不能用量具测量。然后，又要求每一位听讲者裁 150 厘米和 600 厘米的纸带各一段。大家裁完后，企业家掏出卷尺，仔细地测量一条条纸带并公布结果：

30 厘米一组，平均误差不足 6%；

150 厘米一组，平均误差上升为 11%；

600 厘米一组，平均误差高达 19%，个别的相差 100 多厘米。

这个实验告诉我们，目标越小、越集中，就越容易接近目标；目标越大、越宽泛，就越容易偏离目标。

要提高人生成功的概率，其实，每次成功一点点就可以了。

1984 年，日本东京举办了一场国际马拉松邀请赛，一位默默无名的日本选手山田本一就像一匹黑马，出人意料地夺得了这场比赛的世界冠军。这一下，大家可是太惊讶了。为什么呢？因为日本选手的个子大多比较矮，怎么可能是这样一个矮个子夺得了国际马拉松比赛的冠军呢？

于是，记者们纷纷去采访山田本一，问他为什么能够取得这么惊人的成绩。山田本一只说了这样一句话：用智慧战胜对手。

记者们都笑了起来，他们认为这个日本人是在那里故弄玄虚。因为马拉松比赛一次要跑 40 多公里，这是体力和耐力的运动。只要一个人身体素质好又有耐力就有希望夺得冠军，怎么能说是用智慧来取胜呢？这不是笑话吗？

两年以后，在意大利著名的城市米兰又举行了一次国际马拉松邀请赛。代表日本参加这次比赛的还是那个叫山田本一的矮个子选手。令人惊讶的是，这一次，又是他夺得世界冠军！

记者们更惊讶了，又纷纷围着他采访，请他谈谈连连得冠的经验。

山田本一是一个不太爱说话的人，他回答记者的仍然是上次那句话。还记得哪句话吗？——对了，就是"用智慧战胜对手"。这一回，记者们不敢再笑话他了，但是他们想破了脑袋，还是想不明白：在马拉松比赛中，为什么可以用智慧来战胜对手呢？

10 年以后，在山田本一的自传中，他告诉了大家这个秘密。他说："我刚开始参加马拉松比赛时，心里总想着我要跑到 40 公里外终点线的那面旗帜上，结果我跑了十几公里就觉得太疲惫了，想想前面还有那么长的路程我就连脚步都迈不动了！后来，我改变了方法，每次比赛之前，我都要乘着车子把比赛的线路仔细地看一遍，并把沿途比较醒目的标志画下来，比如第一个标志是银行，第二个标志是一棵大树，第三个标志是一座红房子……这样我一直画到比赛的终点。正式比赛开始后，我就用 100 米冲刺的速度向第一个目标冲去，等到达第一个目标以后，我又用同样的速度向第二个目标冲去，40 多公里的赛程，就被我分解成这么几个小的目标轻松地跑完了。"

把大的目标进行分解，每实现一个小目标，就让自己得到一次成功的鼓励，从而一步一步走向大的成功。每天成功一点点，这就是成功的秘诀！

2003 年，河北曾经有一位老太太，步行到广州去看望女儿，引起了媒体的轰动。记者问她，是什么精神支持她完成这一壮举的。老太太的回答很简单："每天走一段路不费劲啊！" 很朴实的一句话，却道出了精妙的哲理。

在现实中，我们做事之所以半途而废，这其中的原因，往往不是因为事情难度较大，而是觉得成功离我们较远，确切地说，我们不是因为失败而放弃，而是因为倦怠而失败。在人生的旅途中，我们稍微具有一点山田本一的智慧，为自己定下具体清晰的计划，每天成功一点点，那么，一切都将不再是遥不可及的梦想，你的一生中也许会少许多懊悔和惋惜。

脚踏实地才能实现梦想

没有脚踏实地的工作，梦想就只能是梦想。

古罗马大哲学家希留斯曾经说过："想要达到最高处，必须从最低处开始。"飞机飞得再高，也必须从地面起飞。但是可悲的是，这个道理不是每个人都明白。

从前，有个有钱人，他生来愚蠢却又自以为是，因此常常干出一些让人哭笑不得的事来。

有一次，他到另一个有钱人家里去做客。站在客人府邸第三层楼上，能看见远方的景致，真是美妙极了。他心中不禁十分羡慕，想道：要是我也有一幢这样的三层楼房，在上面喝茶赏景，那是多么幸福的事情！

于是他回到家后，马上叫人请来泥瓦匠，吩咐道："你们给我建一座三层楼房，越快越好！"

于是泥瓦匠不敢耽搁，立刻开始动工，打地基、和泥、垒砖头，开始修建楼房的第一层。

这个有钱人天天跑到工地上去看，看到头几天地基打好了，又过了几天，垒了几层砖，再过了几天，砖也越垒越高了。然而，这个有钱人还是十分着急，看到过了这么些天，他要的房子还没有成形，于是不耐烦地跑去问泥瓦匠："你们这是在建什么房子啊，怎么一点儿都不像我要的那种呢？"

泥瓦匠说："不是照您的吩咐在建吗？这就是第一层了。"

有钱人又问："难道你们还要修第二层？"

泥瓦匠奇怪地回答："当然了，有什么问题吗？"

有钱人暴跳如雷，勃然变色道："蠢东西，我看中的是第三层，叫你们修的也是第三层！第一层、第二层我都有，还修它干什么？"

泥瓦匠听了目瞪口呆，接着说："那您就自己修您的第三层吧！"

就这样，这个有钱人请了无数的泥瓦匠，也没能按他的要求建成房子，他也就一直没能实现在他的三层楼上喝茶观景的舒适生活。

梦想不会无缘无故地成为现实，更不要幻想通过奇迹来改变自己的生活。我们需要的是自己一步一步脚踏实地朝着目标前进，只有这样，成功才会有水到渠成的一天。

在很久以前，有个叫哈差的人一心想成为富翁。他觉得成为富翁的最短的捷径便是学会炼金之术。

此后他把全部的时间、金钱和精力，都用在炼金术的实验中了。不久以后他花光了家里的全部积蓄，家中变得一贫如洗，连饭都没得吃了。妻子无奈，跑到父亲那里诉苦。她父亲决定帮女婿改掉恶习。

他让哈差前来相见，并对他说："我已经掌握了炼金之术，只是现在还缺少一样炼金的东西……"

"快告诉我还缺少什么？"哈差急切地问道。

"那好吧，我可以让你知道这个秘密。我需要3公斤香蕉叶的白色绒毛。这些绒毛必须是你自己种的香蕉树上的。等到收齐绒毛后，我便告诉你炼金的方法。"

哈差回家后立刻将已荒废多年的田地种上了香蕉。为了尽快凑齐绒毛，他除了种自家的田地外，还开垦了大量的荒地。当香蕉成熟后，他便小心地从每张香蕉叶下收刮白绒毛。而他的妻子和儿女则抬着一串串香蕉到市场上去卖。就这样，十年过去了。哈差终于收集够了3公斤绒毛。这天，他一脸兴奋地拿着绒毛来到岳父的家里，向岳父讨要炼金之术。

岳父指着院中的一间房子说："现在你把那边的房门打开看看。"

哈差打开了那扇门，立即看到满屋金光，竟全是黄金，她的妻子儿女都站在屋中。妻子告诉他这些金子都是他这十年里所种的香蕉换来的。

面对着满屋实实在在的黄金，哈差恍然大悟。

没有脚踏实地的工作，梦想永远是梦想，永远也不会变成现实。如果把捷径理解为一蹴而就的话，成功是没有捷径可以走的；如果把捷径理解为到达成功最短的距离的话，成功的捷径就是我们脚踏实地地奋斗、扎扎实实地努力！

让自己的人生更精彩

其实，每个人都可以将生活当作一场探险之旅，不断地发现，亦不断地遇到新的人和景物。这样，你的生命才能有新的活力，活着才不会感到厌倦。

李博生是中国工艺美术大师，他的许多玉雕作品被作为国家级礼品赠送给尊贵的外宾。他的玛瑙作品《无量寿佛》曾获百花奖的金杯奖，是顶级作品。面对别人的称赞，他却说自己虽然入行已 45 年了，但工作就是完善玉石，去除玉石的瑕疵。他在雕琢玉石，玉石也同时在雕琢他自己。

李博生于 1985 年到玉雕厂工作，第一次进厂，他看到的是好几位玉雕师光着膀子、汗流浃背地打磨玉石的场面。当时他就知道做玉雕不光是雕刻那么简单，他暗暗发誓：自己一定要做得最好。

琢玉三年，李博生出师了。好几位高级技工围着他的一件作品作评判。他充满自信，看见评委们也是频频点头，心中别提多高兴了。分数打了下来，评委们却只给了他 99 分。他很不服气，询问明明可以打 100 分的，为什么要扣掉 1 分。一位老工人评委对他说："扣掉你 1 分，你还有前进的余地；要是给 100 分，你就走到头了，你还有发展的余地吗？"

听了这话，他恍然大悟，从此不再满足自己，而是执着地走更艰辛的探索、创作之路，有时为了一件作品，甚至累得生病住院。30 岁的时候，他就已经进入顶级玉雕大师的行列。

没有最好，只有更好。在追求更好的雕琢过程中，我们才能一步一步接近最好。人生的意义就在这一步一步的超越自己中得到了展现！

陈亮喜欢吃橘子，而妻子不喜欢吃。有时候他反复地劝说她，橘子富含维生素 C 啊。妻子就强调说："再好的橘子我也不喜欢吃，因为我根本就不喜欢橘子的味道。"

陈亮觉得很遗憾，但妻子的话突然让他有了想法。是的，作为一个橘子，哪怕是再好的橘子，也照样有人不喜欢。

这个世界上，各人都有自己的所爱，通往罗马的道路有千千万万条，很多问题不是单项选择，答案往往丰富多彩。确定的世界是人为制造的，不确定的世界才是真实的世界，每一件事情的变化都有很多种可能。

因为谁也不愿意接受一个没有现成答案的世界，所以，人们喜欢欺骗自己说："答案是早就存在了的。"所以人们常常为不被接受而苦恼，总以为错误一定来自自身。我们总想："也许我不是一个好的橘子。"在沮丧中，我们失去了对自己的信任，在他人的眼光中，我们匍匐前行，有时候甚至失去了前行的勇气。

若全世界的人都不肯认同你，那确实是你出了问题；如果只是很少的一部分人对你有非议，真的没有必要在意，因为，你不能也不必做一个人人都喜欢的橘子。

生活中遇到他人对你的打击，或者是工作上的责难，或者是学习上的嘲笑，或者是爱情中的被遗弃，确实都是人生中很残酷也很难接受的事。我们的自尊心和自信心是最脆弱的，我们会怀疑自己："是不是我真的这么差啊？"而后这种消极的情绪会使我们沮丧，甚至一蹶不振。

也许你无法做一个人人喜欢的橘子，但你能努力成为最好的自己。

人们常说，人外有人，山外有山。是的，一个人若是将别人视为敌人，那将是非常费力的事，因为你永远都有比自己强大的敌人。其实，在你与别人竞争之前，你必须先与自己竞争。努力去做，争取今天的我比昨天的我好，而明天的我将比今天更出色。做到了这一点，任何外在的敌人也就变得不那么可怕了。

一个人贵在能不断地超越自我，否则，不管他曾有过多么辉煌的过去，都难逃或沉沦或一败涂地的尴尬境地。日本著名作家、诺贝尔文学奖得主川端康成，嘴里含着瓦斯管自杀身亡。据说，令他感到绝望的就是他认为自己的文学生命走到了尽头，他再也写不出比以前更好的作品了。

永远追求卓越，努力做到最好，它能使你成功，让你的人生更精彩。成功人士的标志就是：事无大小，每做一件事，都竭尽全力，力求做到做好。泰戈尔说过："我只做一件事——努力做得完美。如果我只是大雨中的一颗小水珠，至少我要努力使自己成为最完美的一滴；如果我是六月的一片树叶，至少我要努力使自己成为一片鲜绿的叶子。"

第三节

超越人生的困境

自身的分量取决于自己

一个人只有看重自己的分量，别人才会看得起你，所以一个人无论能力大小、条件好坏、地位高低都不应自感低人一等。

著名作家杏林子的《现代寓言》里有这样一个故事：一只兔子长了三只耳朵，因而备受同伴的嘲讽，大家都说它是怪物，不肯跟它玩。为此，三耳兔非常悲伤，常常暗自哭泣。

一天，它终于下定决心，把那一只多出来的耳朵忍痛割掉了，于是，它就和大家一模一样，也不再遭受排挤，它感到快乐极了。

时隔不久，它因为游玩而进入另一片森林。天啊！那里的兔子竟然全都有三只耳朵，跟它以前一样！但由于它已少了一只耳朵，所以这里的兔子们嫌弃它，不理它，它只好快快地离开了。从此，它领悟到一个真理：不相信、不看重自己，只会让别人看不起你，因为别人总是通过你的眼光来看你的。

因此，要想别人尊重你，首先就要尊重自己，这是一个不变的准则。而现实生活中有些人，总受到别人的欺负和挤对，饱受冷落和打击，实属一个没有分量的小人物，这跟他们一贯看轻自己的行事风格是密不可分的。所以我们要学会不卑不亢，尽力去摆脱"人为刀俎，我为鱼肉"的局面。

世界名著《简·爱》中的男主人公罗彻斯特身为庄园主，财大气粗，对女主人公说过："我有权蔑视你！"他自以为在地位低下又其貌不扬的简·爱面前，有一种很"自然"的优越感。但有坚强个性又渴望自由平等的简·爱，坚决地维护了自己的尊严，寸步不让，反唇相讥："你以为我穷、不好看就没有自尊吗？你错了！我们在精神上是平等的！正像你和我最终将通过坟墓平等地站在上帝面前一样。"这番话强烈地震撼了罗彻斯特，使他对简·爱产生了由衷的敬佩。

在现实生活中，有的人不惜降低自己的尊严，不惜出卖人格，去逢迎那些在某一点上比自己强的人，哪怕逢迎者对自己傲慢无礼。这种"卑己而尊人"的行为是不值得称道的。

我们不要忘了鲁迅先生告诫我们的一句话："不要把自己看成别人的阿斗，也不要把别人看成自己的阿斗！"要尊重别人，更要赢得他人的尊重。

有一个美好的说法："一个人只要拯救了一个灵魂，他就拯救了整个世界。"它告诉我们，每个人都是可贵的。不论外表、行为和个性是多么不同，但每个人都有改变世界的力量，而世界也随着每个不同的人，以不同的方式在改变着。当我们这样看问题时，意味着爱已经发生，它就会促使我们既尊重自己，又敬重别人，创造出爱的绿茵和改造世界的巨大力量来。

说到这里，你可能会问，怎样才能做到尊重自己呢？这就需要我们去寻找自己身上有哪些值得被尊敬的东西。

人类的大脑所具有的一个神奇的功能就是，可以提出和回答任何问题。虽然有时候大脑的回答是错误的，但无论如何，只要你提出问题，它就一定会给你一个答案。比如说，如果你问自己，在我的身上什么是值得我自己尊敬的地方呢？你的大脑就会把答案想出来告诉你，如果你一时想不出来，只要多思索一会儿，相信你就一定会想出一些东西来。比如我很诚实，在学习和生活中从来不欺骗自己和他人；我的记忆力很好，会很快记住所学的生字词；我虽然愚笨，但我有持之以恒赶超别人的意志力……这些都是值得你尊敬自己的地方，不管你信不信，只要你长久地去开发和发掘自己所尊敬自己的东西，久而久之你就会找到许多值得自己尊敬自己的地方，那么你也就会越来越爱自己了。

一旦我们理解并欣赏自己，我们就会开始欣赏别人，并且尊重他们，而当我们有了尊重，我们就能够去爱了。当你学会了如何尊重自己，进而爱自己的时候，你和他人在一起就会显得自然、轻松、和谐，因为你是用一种尊重的眼光去看别人的，很自然，你的态度就会显得温和亲切，这时你也就感觉到自己能够去爱别人了。

思路决定出路

有什么样的思路就有什么样的人生，思路决定了一个人的出路。

有这样一个故事。有一个人从小就惹是生非，长大后成为当地的流氓，吃喝嫖赌，不干好事，最后因为抢劫被判了十五年。他有一个妻子、两个儿子，后来妻子与他离婚了。两个儿子，其中一个儿子学他，整天到处瞎混，最后锒铛入狱；而另外一个儿子则发奋图强，最后在一家公司当上了副总经理，拥有一个幸福的家庭。

一个记者采访了兄弟二人，问为什么他们会走上不同的道路。令人颇感意外的是，他们回答的竟是同样的一句话："有一个这样的父亲，我还能怎样呢？"

同样的一个事实却得出了不同的结果：一个自暴自弃，另一个则奋斗不息。看来，有什么样的思路就有什么样的人生，是思路决定了他们的出路。

所以，当你遇到麻烦束手无策的时候，不妨换一种思路，跳出惯性思维，也许你马上就能找到一条新的道路、一个新的目标、一种新的境界。换个思路，也许就有了出路！否则，你的人生道路只会越走越窄。

两个老板在一起聊天的时候，说起自己的员工。一个老板说："我的公司有这样三个人，一个喜欢寻根究底，嫌这嫌那；另外一个总是忧心忡忡，为一些莫名其妙的事情担忧；第三个人每天无所事事，喜欢到处乱逛。我实在受不了，过几天我一定要炒了他们。"

另一个老板想了想说："这样吧，你干脆让他们到我的公司来上班吧，省得麻烦。"那个老板高兴地答应了。

那三个人到了第二个老板的公司后，喜欢寻根究底的那个人被安排去做质量监督，总是忧心忡忡的那个人被安排去做安全保卫，而喜欢闲逛的那个人则被安排去做业务和宣传。

一段时间以后，这三个人都做出了非常出色的成绩，而他们所在的公司也取得了迅速的发展。

同样的一个人，在不同的岗位就会有不同的表现。所以说，没有走不通的路，只要你的方向走对了；没有做不成功的事，只要你的思路对了。

有一家不起眼的小餐馆，老板与员工招呼客人、点菜、报菜名，感觉完全就是说笑话、讲评书，而且每道很普通的菜都有一个很另类的"雅号"。因此，客人在这里吃饭、喝酒，完全是一种超值的精神享受。

假如8位客人刚到门口，负责招呼客人的员工就扯起嗓子大吼："英雄8位，雅座伺候！"点菜时，客人点两个卤兔脑壳，他就转身对厨房喊：来两个"帅哥"！客人点"猪拱嘴"，招呼客人的员工那里就成了"相亲相爱"。这些别致的另类菜名，让来店里吃饭的各路"英雄"莫不捧腹、喷饭！

在这里，土豆丝——"吃里扒外"，豆腐干——"黄龙缠腰"，鸡鸭鹅翅膀——"展翅高飞"，脚掌——"走遍天涯"，卤舌头——"甜言蜜语"，炒莴笋丁——"星星点灯"，炖乳鸽——"向往神鹰"，醋——"忘情水"，啤酒——"梦醒时分"，白酒——"留半清醒留半醉"……

酒过三巡、菜过五味之后，店家免费给每桌客人送一份"迟来的爱"——一盘普通的泡菜！客人酒足饭饱之后，还会给每桌的客人们奉送几根"抠门"——牙签！

据说这家小店原来生意并不好，而且店里面也没有什么出名的特色菜。就是给菜改了改名字，生意就出奇的火爆。

通过这家小店的转变，我们可以知道，成功与失败，富有与贫穷，只不过是一念之差；不怕做不到，只怕想不到。

人与人最大的差别是脖子以上的部分，不同的观念最终造就了不同的人生。我们必须有新的观念、新的方法、新的创造，才能在激烈的竞争中立于不败之地！

改变不了环境，就改变自己

我们不能改变世界，我们就只好改变自己，用爱心和智慧来面对这一切。

要改变现状，就得改变自己。要改变自己，就要改变自己的观念。一切成就，都是从正确的观念开始的。一连串的失败，也都是从错误的观念开始。要适应社会、适应变化，就要改变自己。

哥伦布发现美洲大陆后，欧洲人不断向美洲移民。为了得到足够的食物，欧洲人在美洲大量种植苹果树。但是在 19 世纪中期，美国的苹果大面积减产，原因是出现了一种新的害虫——苹果蛆蝇。

刚开始，人们以为害虫是被从欧洲带过来的。后来经过研究发现，苹果蛆蝇是由当地一种叫山楂蝇的变化而来。由于苹果树的大量种植，许多本地的山楂树被砍掉了，以山楂为生的山楂蝇为了适应这种情况，改变了自己的生活习性，开始以苹果为食物。在不到 100 年的时间里，山楂蝇就进化成了一种新害虫。

山楂蝇为了适应环境，竟不惜改变自己的习性。生物适应环境的能力如此强大，那么人又该如何适应环境呢？

在威斯敏斯特教堂地下室里，英国圣公会主教的墓碑上写着这样一段话："当我年轻自由的时候，我的想象力没有任何局限，我梦想改变这个世界。当我渐渐成熟明智的时候，我发现这个世界是不可能改变的，于是我将眼光放得短浅了一些，那就只改变我的国家吧！但是我的国家似乎也是我无法改变的。当我到了迟暮之年，抱着最后一丝努力的希望，我决定只改变我的家庭、我亲近的人——但是，唉！他们根本不接受改变。现在，在我临终之际，我才突然意识到，如果起初我只改变自己，接着我就可以依次改变我的家人。然后，在他们的激发和鼓励下，我也许就能改变我的国家。再接下来，谁又知道呢，也许我连整个世界都可以改变。"

人生如水，人只能去适应环境。如果不能改变环境，就改变自己。只有这样，才能克服更多的困难，战胜更多的挫折，实现自我。如果不能看到自己的缺点与不足，只是一味地埋怨环境不利，从而把改变境遇的希望寄托在改换环境上，这实在是徒劳无益的。

要登上高峰，就必须弯腰

我们总想让环境向我们妥协，但事实是，我们一直在对世界妥协。生活教人知道这一点：永不妥协是不可能的。我们只要看一看世界，就知道生活中到处都是妥协。

树要向阳光妥协。无任何外力影响时，树总是向着阳光倾斜。河水向山石妥协，沿着它的裂缝奔涌。如果水一定要覆盖山的峰顶，那它一定要改变自己的形态——变成雪，那也是雨的妥协。

松下幸之助在创立自己的公司后，对公司员工的要求非常严格，每次大的决策势必参加。但是他并不是一个只看中自己，完全不听取其他人意见的人。

在一次决策会上，松下对一位部门经理说："我个人要做很多决定，并要批准他人的很多决定，实际上只有40%的决策是我真正认同的，余下的 60% 是我有所保留的，或我觉得过得去的。"经理觉得很惊讶，假使松下不同意，一口否决就行了，完全没有必要征求旁人的意见。

松下接着说："我不可以对任何事都说不，对于那些我认为过得去的计划，大可在实行过程中指导它们，使它们重新回到我所预期的轨道上来。我想一个领导人有时应该接受他不喜欢的事，因为任何人都不喜欢被否定。我们公司是一个团队，并不仅仅是我一个人的公司，需要大家群策群力，妥协有时候使公司更强大、人际关系更融洽。"这番话让这个经理动容不已。

现实生活中我们常常强调自己的强势，而忘了有时妥协也是成功最重要的因素之一。殊不知，要进一扇门，就要使自己的头低于门楣。要想登上高峰，就必须弯腰攀登。要想跳得更远，就必须后退助跑。

富兰克林年轻的时候心高气盛，有一次去拜访一位老师。在进门的时候，富兰克林高昂的头重重地撞在门楣上。富兰克林狼狈不堪，一边摸着头，一边生气地望着低矮的门楣。

老师这时候笑着走过来说："我觉得你不应该生气，因为今天你明白了一个极其重要的道理。一个人如果懂得生活，他就必须懂得在该低头的时候低头。不低头，就会被撞得头破血流。"

富兰克林记住了这件事情，他在以后的生活中变得谦虚谨慎，并将"学会低头"作为自己的人生准则，终于成为了一代伟人。

诚然，人类需要竞争，但也要学会妥协。社会是在竞争中发展进步的，也是在妥协中和谐共赢的。我们甚至可以这么说，妥协至少与竞争一样符合生活的本质。

所以，妥协是人生必须明白的一个道理。妥协有时意味着生活的本质，妥协有时也是宽容——让别人过得好，自己也能过得好。学会妥协，人生才会美好。

在逆境中找到目标

"昨天所有的荣誉，已变成遥远的回忆，勤勤苦苦已度过半生，今夜重又走进风雨……"还记得 1995 年开始涌动的下岗浪潮吗？有多少家庭，夫妻双双丢掉了赖以生存的"铁饭碗"，有多少家庭，他们的屋檐上空都笼罩着一团黑色的乌云，时不时地就会看到有雨从天空中滴落。不过，面对着这突如其来的打击，面临着生存的考验，他们中的很多人都决心开始新的生活。如今的他们，有很多已经是企业的老板、公司的老总。不屈的精神，让他们经受住了雷霆的击打，最终迎来了阳光的普照。

由过去谈及现在，再由现在拓展于未来，如今许多大学生都不能在毕业之后找到自己满意的工作，很多人也因此承受不住压力，甚至有人轻易地就结束了自己宝贵的生命。难道是我们在学校里学到的知识太多，以至于连为生命奋斗的精神都被湮没了？李大钊在引领革命志士为祖国的前程奋斗时就曾经激励青年人，他说："青年之文明，奋斗之文明，也与境遇奋斗，与时代奋斗，与经验奋斗。故青年者，人生之玉，人生之春，人生之华也。"

1930 年是美国历史上经济最为恶劣的时期，工厂倒闭、商店关门、处处减薪、成千上万的人失业，有免费发放面包的地方一定有排成长龙的队伍，整个国家都陷入了恐慌之中。

一个秋色正浓的下午，寂寥的第五大街上，皮尔遇到了他的老朋友佛雷德，两人相互寒暄。佛雷德身着深蓝色的西装，旧西装上磨出了一层油光，可见这衣服穿得已经过于长久了。然而佛雷德却没有改变往日的口吻，他对皮尔说："老朋友，我过得挺不错的，千万不要为我担心。虽然还处于失业当中，但是我每天也都在寻找工作，总有一天我会找到的，只要有耐心！"皮尔看着眼前笑嘻嘻的佛雷德，他问到："你总是这么乐观吗？"佛雷德回答他："我好像听说过，绷起脸来要用上六十块肌肉，但是笑的时候只需要十四块就够了！我可不想使用过多的肌肉啊。诗人约翰·巴罗不是说过吗：属于你的一定会归你所有。我的信念都是虔诚坚定的父母给予我的，虽然家境贫寒，然而我的母亲却不在意，她常说上帝会赐予我们食物，真的，一点没错，上帝从来没有忘记我的母亲，我想上帝也不会将我遗忘吧！"

　　佛雷德的乐观感染了皮尔，他也不再像以前一样那么消沉了。后来，佛雷德和一个极具发明才干的人一同创立了自己的事业，最终获得了成功。

　　失业的时候，佛雷德不但没有丧失对生活的信念，相反，佛雷德的内心仍旧充满了奋斗的激情以及对未来生活的热情与向往，他的精神验证了赫胥黎的那句至理名言："充满着欢乐与奋斗精神的人们，永远带着欢乐，欢迎雷霆与阳光！"

　　生活的旅途不会一帆风顺，它的上空可能是阳光的滋养，但也有可能是雷霆的敲击，我们应该享受得起幸福，更应该经受得起考验。心若在，梦就在。因为那颗对生活坚定的心，让处于逆境中的佛雷德找到了目标，最终，他经过自己的努力并实现了这个目标。

图书在版编目 (CIP) 数据

逆商 / 阳飞扬著 . -- 北京 : 中国华侨出版社，
2020.1（2024.3 重印）

ISBN 978-7-5113-8092-0

Ⅰ . ①逆… Ⅱ . ①阳… Ⅲ . ①成功心理—通俗读物
Ⅳ . ① B848.4-49

中国版本图书馆 CIP 数据核字（2019）第 283338 号

逆商

著　者：阳飞扬
责任编辑：刘晓燕
封面设计：冬　凡
美术编辑：李丹丹
经　销：新华书店
开　本：880mm×1230mm　1/32 开　印张：6　字数：139 千字
印　刷：三河市京兰印务有限公司
版　次：2020 年 6 月第 1 版
印　次：2024 年 3 月第 11 次印刷
书　号：ISBN 978-7-5113-8092-0
定　价：35.00 元

中国华侨出版社　北京市朝阳区西坝河东里 77 号楼底商 5 号　邮编：100028
发 行 部：（010）88893001　　传　真：（010）62707370

如果发现印装质量问题，影响阅读，请与印刷厂联系调换。